DÉPÔT LÉGAL
Seine
972 9947
1886

ÉTUDE MÉD...

SUR

CONTREXÉVILLE

(VOSGES)

GRAVELLE, GOUTTE, CATARRHE DE VESSIE, MALADIES
DES VOIES URINAIRES

PAR

H. LEGRAND DU SAULLE

MÉDECIN CONSULTANT A CONTREXÉVILLE.

Docteur en médecine de la Faculté de Paris, ancien interne de la Maison impériale de Santé,
Lauréat (médaille d'or) ; Rédacteur de la Gazette des hôpitaux,
des Annales médico-psychologiques,
Membre titulaire de plusieurs Sociétés savantes de Paris ;
Membre associé de la Société d'émulation des Vosges, Membre correspondant
de la Société phrénopathique d'Italie, etc., etc.

PARIS

ADRIEN DELAHAYE, LIBRAIRE-ÉDITEUR,

PLACE DE L'ÉCOLE-DE-MÉDECINE.

MAI 1862

Te 163
192

ÉTUDE MÉDICALE

SUR

CONTREXÉVILLE

(VOSGES)

Ie 163
Ie 592

Principales publications du Docteur LEGRAND DU SAULLE.

De l'hystéro-épilepsie. Paris, in-8, 1855. Prix 2 fr.

De la pleurésie. Des ponctions de la poitrine (clinique de l'Hôtel-Dieu). Paris, in-8, 1855. Prix 1 fr.

De la monomanie incendiaire. Paris, in-4, 1856. Prix 2 fr. 50.

Des angines, de la trachéotomie et du traitement consécutif à cette opération (1re édition 1855 ; 2e édition 1856).

Observation de larves vivantes dans les sinus frontaux. 1857.

Etude sur la nostalgie. 1858.

De l'empoisonnement par les allumettes chimiques (Académie des sciences). 1858.

Coup d'œil sur les maladies simulées. 1858.

Cas remarquable de monomanie. 1858.

Recherches cliniques sur le mode d'administration de l'opium dans la manie. Paris, in-8, 1858. Prix 1 fr. 50.

Observation d'un cataleptique à l'asile de Rome. 1859.

Etude médico-légale sur l'hystérie. Paris, in-8, 1860. Prix 1 fr. 50.

Des effets toxiques de l'absinthe. 1860.

Etude médico-légale sur les testaments. 1860.

De l'épilepsie. — Le mariage est-il sans danger pour les épileptiques et pour leur descendance ? Paris, 1860. Prix 1 fr. 50.

Des délires spéciaux dans la paralysie générale (Académie des sciences). 1860.

La colonie de Ghéel. 1861.

De l'insalubrité de l'atmosphère des cafés et de son influence sur le développement des maladies cérébrales (Académie des sciences). 1861.

Des approches de la mort. De leur influence sur les facultés de l'intelligence et sur les actes de dernière volonté. 1861.

Etude sur l'ivresse. Du crime accompli par l'homme ivre et des questions médico-légales relatives au délire ébrieux. 1861.

La loi romaine et les aliénés. 1861.

Des intervalles lucides, de leur valeur médico-légale et de leur application en matière de testaments. 1861.

Etude sur l'anthropophagie. 1861.

Habitudes et mœurs des épileptiques. 1862.

Le froid et l'abus de la chasse considérés comme causes occasionnelles de congestion cérébrale. — Hygiène des vieillards (Acad. des sc.). 1862.

Rédaction des *Annales médico-psychologiques*, 1854-1862.

Rédaction de la *Gazette des hôpitaux*, 1855-1862.

Collaboration aux *Archives cliniques*, au *Monde thermal*, à la *France médicale* et au *Medizinal Halle*, d'Autriche, 1860-1861-1862.

Leçons de clinique médicale professées par M. Trousseau à l'Hôtel-Dieu, recueillies, rédigées et publiées (*Gazette des hôpitaux*) par le Dr Legrand du Saulle. 1855-1862.

Paris. — Imprimerie de L. MARTINET, rue Mignon, 2.

ÉTUDE MÉDICALE

SUR

CONTREXÉVILLE

(VOSGES)

GRAVELLE, GOUTTE, CATARRHE DE VESSIE, MALADIES
DES VOIES URINAIRES

PAR

H. LEGRAND DU SAULLE

MÉDECIN CONSULTANT A CONTREXÉVILLE,

Docteur en médecine de la Faculté de Paris, ancien interne de la Maison impériale de Santé,
Lauréat (médaille d'or) ; Rédacteur de la Gazette des hôpitaux,
des Annales médico-psychologiques,
Membre titulaire de plusieurs Sociétés savantes de Paris ;
Membre associé de la Société d'émulation des Vosges, Membre correspondant
de la Société phrénopathique d'Italie, etc., etc.

PARIS

ADRIEN DELAHAYE, LIBRAIRE-ÉDITEUR,

PLACE DE L'ÉCOLE-DE-MÉDECINE.

MAI 1862

PRÉFACE

————

A la veille de commencer à Contrexéville une sixième
année de pratique médicale, j'éprouve le besoin de faire
un retour sur moi-même, de rapporter, d'analyser et
de résumer tout ce que j'ai vu, observé et appris pendant les années 1857, 1858, 1859, 1860 et 1861. Les
faits se sont pressés en foule; mais, grâce à l'ordre métho-
dique que je vais introduire dans ce travail, grâce aussi
aux notes que j'ai prises sur les malades dont j'ai eu
l'honneur de diriger le traitement, j'espère être en mesure d'exposer sans trop d'aridité, — bien qu'avec la plus
rigoureuse exactitude, — tout l'ensemble des phénomènes
morbides auquel il m'a été donné de remédier.

Sans doute, je ne saurais prétendre au rôle d'historio-
graphe des cinq saisons dernières, puisque la clientèle des
eaux a été partagée entre plusieurs médecins; mais, sans
sortir de ma sphère d'action, je trouverai cependant une
somme suffisante d'éléments scientifiques dignes d'être mis
en lumière. Investi de la confiance publique, je considère
comme un devoir sacré de la justifier et de faire profiter

mes confrères et les malades des enseignements que l'expérience m'a suggérés.

Je pourrais, à la rigueur, aborder immédiatement le côté clinique de la question, passer sous silence les cent premières années d'existence de Contrexéville, — que je supposerais ou suffisamment connues ou dépourvues de tout intérêt, — et entrer en matière par la relation de mes observations personnelles ; mais je n'ai point l'habitude de faire bon marché des leçons du passé. J'invoquerai donc en faveur de nos eaux, — comme autant de quartiers de noblesse, — les témoignages des médecins qui jadis ont pratiqué ici l'art de guérir, et je ne désespère pas de démontrer que Contrexéville, à tous les points de vue, sait de nos jours conserver l'éclat de son blason traditionnel..

ÉTUDE MÉDICALE

SUR

CONTREXÉVILLE

(VOSGES)

CHAPITRE PREMIER.

LE PASSÉ MÉDICAL DE CONTREXÉVILLE

(1759-1862).

Contrexéville possédait autrefois une source dont la réputation toute locale n'avait réussi qu'à attirer les habitants de la contrée. Peut-être les choses en seraient-elles restées là fort longtemps encore, si, en 1759, la guérison si remarquable de la jeune Desmarets, âgée de dix ans, qui devint plus tard la veuve d'un officier supérieur de l'ancien régiment de la Reine, et qui était alors atteinte de la pierre (1), n'eût produit en Lorraine une très grande sensation, et provoqué de la part du docteur Bagard, premier médecin du roi, président et doyen du collége de médecine de Nancy, la lecture d'un mémoire (10 janvier 1760) à la Société royale des sciences et arts de cette ville, dans lequel il rend compte de la composition chimique de l'eau de la source déjà célèbre. Après un exposé très technique et la relation d'un certain nombre d'observations médicales, Bagard arrivait à prendre les conclusions suivantes, qui sont parfaitement revêtues du cachet de l'époque :

« Les eaux de Contrexéville, en général, sont très favorables aux maladies de nerfs. Elles détergent, consolident les ulcérations

---

(1) Nous reproduisons à la page 29 l'observation de la jeune Desmarets.

internes et externes. Elles ont guéri les maladies de la peau les plus rebelles et les plus invétérées.

» Elles sont bonnes pour prévenir les retours de la goutte, en rétablissant la souplesse des nerfs et des parties membraneuses desséchées par les humeurs de la maladie.

» Elles conviennent dans le cas de ce vice de la lymphe que caractérise une acrimonie scrofuleuse.

» Elles sont souveraines dans les maladies des reins, des uretères, de la vessie et de l'urèthre, telles que la pierre, la gravelle, les glaires, les suppurations, les ulcères de ces parties et les carnosités de l'urèthre. Nous osons avancer sur des témoignages non équivoques, que les eaux de Contrexéville sont souverainement efficaces contre la pierre, qu'elles détachent et font sortir de la vessie quand elle n'est que d'une grosseur médiocre, qu'elles ont la propriété de dissoudre en fragments, quand elle est plus grosse et d'une nature plâtreuse et graveleuse, voire même en partie plâtreuse et en partie graveleuse et murale.

» Comme ces eaux contiennent des parties ferrugineuses, un acide minéral et du savon, elles seront très utiles dans le cas d'épaississement de la bile et dans les obstructions du foie, avec d'autant plus de raisons que ces eaux ont quelquefois la vertu purgative.

» Nous avons mis dans un vaisseau de verre rempli d'eau de Contrexéville treize pierres animales, de la grosseur d'un bon pois chacune, dures et solides ; elles sont restées en macération sur la cheminée, pendant trois jours, sans rien perdre de leur dureté ; mais le quatrième, elles ont commencé à s'amollir sur leur surface et à se séparer en fragments ; ces fragments se sont divisés et dissous, et les pierres se sont réduites en graviers. Il suit de cette expérience que l'injection de l'eau minérale dans la vessie serait une liqueur naturelle dissolvant du calcul dans ce viscère.»

Quelques années plus tard, en 1774, le docteur Thouvenel posa la première pierre de l'établissement qui existe aujourd'hui, et comme il avait reçu la mission de se livrer à une nouvelle étude de l'eau de la source minérale de Contrexéville, il fit son rapport, et en voici un extrait :

« Les eaux de Contrexéville sont, dit-il, éminemment diurétiques et dissolvantes ; elles ont l'avantage de parvenir à la vessie
sans avoir éprouvé d'altérations sensibles, ce qui, outre la quantité
considérable et la grande promptitude avec laquelle elles y arrivent,
semble prouver qu'elles y sont portées par d'autres voies que
celle de la circulation générale. »

M. le docteur Baud, après avoir reproduit ce passage (1), le fait
suivre du renseignement suivant : « Thouvenel s'est assuré, par
de nombreuses expériences, que les calculs se dissolvent ou se
divisent bien plus promptement et plus complétement dans l'eau
de Contrexéville que dans l'eau ordinaire. Un certain nombre de
ces concrétions restent réfractaires, dit-il, et cette résistance dé-
pend moins de leur nature chimique que de leur plus ou moins
grande cohésion. »

Revenons à la citation textuelle de Thouvenel :

« Dans les cas, dit-il, où il nous est donné de prévenir la formation des pierres ou leur accroissement, ce ne peut être qu'en
fournissant aux urines un véhicule aqueux, capable d'empêcher la
réunion et la congestion des matières calculeuses, graveleuses ou
glaireuses, soit en en opérant la dissolution, soit en en procurant
l'expulsion. Ces propriétés diurétiques et apéritives d'une eau
paraissent dépendre d'un degré de salinité médiocre en deçà et au
delà duquel elles changent ou diminuent. »

En continuant à chercher la filiation historique, nous arrivons
à ces quelques détails qui ne manquent pas d'intérêt :

« Plusieurs cures sont restées très célèbres, et, entre autres,
celle de ce pauvre abbé de Bouville, qui, après avoir été opéré trois
fois de la pierre, avait trouvé, dans cette source salutaire, un
soulagement à ses maux, tel qu'il put enfin terminer sa carrière,
qui se prolongea encore de plusieurs années, sans avoir recours
de nouveau à cette cruelle opération. Des effets tout aussi mer-
veilleux, opérés sur plusieurs grands seigneurs de la Lorraine et

---

(1) *Eaux minérales de Contrexéville. Rapport et étude.* Neufchâteau, 1857,
p. 19 et 20.

des environs, avaient commencé à leur faire une grande réputation (1)...»

De 1775 à 1789, le village de Contrexéville, cependant encore si modeste aujourd'hui, fut fréquenté par les princes et les premières familles de la cour, et M. Ch. Lepage mentionne notamment dans sa notice MM. le comte d'Artois, de Beaufremont, de Beauveau, de Poix, de Lignéville, de Choiseul, de Cossé, etc. « La plupart des pavillons de l'établissement, dit cet auteur, ont été bâtis par ces illustres familles. On voit encore à l'extrémité du village le château des Anglais, bâti par quelques-uns de ces insulaires qui venaient à Contrexéville chercher la guérison ou le soulagement de leurs maux ; ce bâtiment a été délaissé à cause de son éloignement des sources. A cette époque, Contrexéville possédait une jolie petite salle de spectacle, construite aux frais du prince d'Hénin, où souvent les plus hauts personnages jouaient eux-mêmes la tragédie et la comédie (2). »

On comprendra, par ce qui précède, tout le retentissement que dut avoir la révolution de 1789. « Presque toutes les grandes familles quittèrent la France ; chacun fut de son côté. Les eaux de Contrexéville devaient naturellement suivre la fortune de toute la cour qui en faisait l'ornement et tomber avec elle. Veuve de tout son luxe, la pauvre source resta triste, délaissée, toujours avec ses qualités bienfaisantes ; mais qu'est-ce que *le mérite sans un peu de célébrité* (3) ? » La source fut vendue, et elle échut en partage à « un particulier dont la plus grande fortune était une famille nombreuse » (4).

Au commencement de la Restauration, M. Mamelet, officier de santé et ancien chirurgien de l'armée impériale, vint exercer la médecine à Contrexéville. Il y trouva le docteur Thouvenel qui lui

---

(1) *Annuaire statistique et administratif du département des Vosges.* Épinal, 1837.

(2) *Eaux minérales de Contrexéville* (Vosges), 2ᵉ édition. Paris, 1859, p. 11 et 12.

(3) *Un mot sur les eaux minérales de Contrexéville,* par un anonyme, Épinal, 1837, p. 13.

(4) *Idem,* p. 14.

fut d'un grand secours par sa bienveillance et ses entretiens instructifs, qui l'honora de son amitié et fut son maître (1). Et tandis que « nos établissements thermaux si divers, mais tous animés d'un même désir de faire du bruit dans le monde, s'illustraient et se vulgarisaient par le retentissement de la réclame, Contrexéville seul, à peine tiré de son obscurité par les travaux consciencieux, mais peu retentissants de Bagard et de Thouvenel, attendait en silence, de la reconnaissance seule de ses clients, que l'opinion publique se fixât irrévocablement sur sa valeur précise (2). »

M. Mamelet, *observateur sincère et consciencieux*, selon les expressions de M. V. Baud (3), qui a exercé concurremment avec lui, a publié un premier travail sur Contrexéville, vers 1825, mais j'ai le regret de n'avoir pu le consulter. Je suis porté à croire qu'il produisit une certaine sensation, car on le trouve plusieurs fois cité dans les ouvrages qui parurent dans les dernières années de la Restauration. Toujours est-il qu'à cette époque les eaux de Contrexéville acquirent le droit de cité dans la science, et je n'en veux citer qu'un exemple :

« Il me paraît démontré, dit M. le docteur Civiale, que les eaux possèdent la propriété d'exciter fortement la contractilité de l'appareil urinaire, et que cette propriété les rend utiles pour déterminer l'expulsion des gros graviers, en même temps qu'elle conduit à un diagnostic plus certain de la pierre vésicale, question qui a plus de portée qu'on ne pense (4). »

De 1825 à 1844, M. Mamelet publia dans une seconde, puis dans une troisième édition de son travail, un faisceau de soixante-dix observations, qui, bien que trop brièvement résumées, n'en constituent pas moins d'excellents documents cliniques que l'on consultera avec fruit. Enfin, dans une édition dernière, et après

---

(1) Comme M. Mamelet n'a jamais été inspecteur de la source, il y a toujours eu, depuis quarante-quatre ans, deux médecins à Contrexéville.

(2) *Notice sur les eaux minérales de Vittel*, par le docteur Peschier, médecin du Corps législatif, p. 4.

(3) Ouvrage cité, p. 25.

(4) *Traitement de la pierre et de la gravelle*. Paris, 1828.

trente-cinq ans d'une pratique active et zélée, voici en quels termes il formule les conclusions de son ouvrage :

« Les eaux de Contrexéville sont souveraines dans les affections graveleuses et calculeuses des reins et de la vessie ; elles détachent les couches externes de ces corps étrangers, les divisent et les entraînent avec une énergie remarquable par les voies naturelles.

» Elles guérissent les catarrhes des voies digestives et génito-urinaires, et quand ces affections ont un principe métastatique, elles rappellent et rétablissent les évacuations supprimées ou diminuées.

» Leur action est évidente dans la goutte, dont elles éloignent et affaiblissent complétement les accès. Plusieurs goutteux semblent radicalement guéris.

» Elles sont très favorables aux personnes disposées aux affections cérébrales ou déjà atteintes de ces maladies.

» A l'extérieur, elles sont d'une efficacité marquée, soit en douches, soit en injection, dans le catarrhe de la vessie, du rectum et du vagin.

» Elles favorisent la cicatrisation des vieux ulcères, et surtout de ceux entretenus par les vices dartreux, scrofuleux ou vénériens.

» Elles sont un très bon collyre dans l'ulcération des paupières (1). »

Le 24 mars 1851, M. le docteur Louis-Jean-Baptiste Coïon, de Suippes (Marne), qui était venu étudier les eaux et en avait fait usage pendant la saison de 1850, soutint sa thèse devant la Faculté de médecine de Paris, sous la présidence de M. le professeur Rostan. Afin d'être agréable à ce maître vénéré, auquel il avait si souvent entendu exprimer le regret que les eaux minérales de Contrexéville fussent si peu connues, il n'hésita pas dans le choix du sujet de sa dissertation inaugurale (2), et c'est ainsi

(1) *Notice sur les propriétés physiques, chimiques et médicales des eaux de Contrexéville* (Vosges), 4º édition, 1851, pages 105 et 106.

(2) *Considérations sur les eaux minérales de Contrexéville*, in-4 de 44 pages.

que nous pouvons invoquer aujourd'hui l'opinion que s'est faite ce médecin recommandable sur l'action des eaux dans le catarrhe de vessie : « ..... Après quelques jours de boisson, quand surtout les selles sont abondantes, les urines, qui étaient troubles, épaisses, filantes, s'éclaircissent; leur dépôt muqueux diminue, elles exhalent une odeur moins désagréable; les envies d'uriner, qui réveillaient les malades sept ou huit fois par nuit, n'interrompent plus leur sommeil qu'à deux ou trois reprises; le sentiment de pesanteur du bas-ventre se dissipe; la miction devient plus facile, et les malades sont ravis de voir avec quelle force ils expulsent leur urine. Cette amélioration fait chaque jour de nouveaux progrès, et finit par se transformer en une guérison plus ou moins complète, après une ou deux saisons. On seconde les efforts de l'eau, dans les cas invétérés, à l'aide de bains sulfureux, de douches au périnée, à la région lombaire. De plus, les malades en emportent avec eux, et ils en subissent encore quelque temps l'influence pour consolider leur guérison et prévenir les récidives, qui sont fréquentes dans l'affection dont nous nous occupons. Cette précaution est surtout indispensable aux malades qui quittent Contrexéville avant leur entier rétablissement. Un régime tonique sans être excitant, des vêtements de flanelle sur la peau, un appartement sec et chaud ; telles sont les indications qui doivent compléter le traitement.

» Peu de catarrhes vésicaux résistent à cet ensemble de moyens convenablement ménagés ; les plus tenaces exigent un voyage aux eaux l'année suivante, et enfin, dans les cas tout à fait rebelles, et heureusement ils sont rares, l'amélioration que les malades recueillent n'est pas à dédaigner, puisqu'ils retournent à Contrexéville pour l'affermir et pour l'accroître, s'il est possible.

» En présence de ces faits, nous n'avons pas dû conserver l'ombre d'un doute sur l'incontestable valeur des eaux de Contrexéville dans le catarrhe de vessie, et nous n'hésitons pas à leur assigner une place importante parmi les agents de la matière médicale que l'on dirige avec le plus de succès contre cette opiniâtre affection. Leur action, d'ailleurs, si l'on veut bien y réfléchir, suffit parfaitement à rendre compte de ces résultats et à satisfaire les esprits les plus exigeants. L'énorme masse du liquide qui traverse la vessie balaye devant elle le mucus altéré, dont la présence entretenait l'irritation morbide ; ses qualités, légèrement astringentes, stimulent, tonifient la muqueuse, en modifient la vitalité ; enfin, sa vertu purgative amène sur le canal intestinal une dérivation et une spoliation répétées chaque jour, pendant une ou deux saisons, qui expliqueraient à elles seules la diminution, la suppression même, de la sécrétion pathologique. »

Continuons à passer en revue les opinions des auteurs.

Un enfant des Vosges, frappé dès ses plus tendres années de tout le bien qu'il entendait dire autour de lui des effets thérapeutiques des eaux de Contrexéville, élevé pour ainsi dire dans la vénération pour une source qui avait rendu la santé à tant de malades, et notamment à un haut dignitaire qui devint plus tard son protecteur, résolut, quand le moment serait venu, d'apporter sa part contributive à une œuvre si utile à l'humanité. L'enfant devint médecin, et au jour solennel de sa réception, il aima à se rappeler qu'il devait une consécration publique à la fontaine minérale de sa contrée.

En parcourant la dissertation de M. le docteur Lafosse, aujourd'hui médecin à Valeroy-le-Sec, nous trouvons les appréciations suivantes :

« Les heureux effets thérapeutiques des eaux de Contrexéville ne doivent pas surprendre, car ils sont parfaitement explicables, dans la curation des états organopathiques, par l'action immédiate que ce médicament exerce sur les sécrétions gastro-intestinale, hépatique, urinaire...., surtout par son action médiate sur l'appareil de la circulation, et par cet appareil sur toutes les fonctions assimilatrices et sécrétoires. Le résultat général des observations cliniques est rationnellement d'accord avec l'interprétation de toutes les circonstances hygiéniques et pharmaceutiques qui naissent du séjour à Contrexéville et de l'usage de ses eaux ; et si tant de malades en reviennent guéris ou fortement améliorés, cela tient :

» 1° A la composition des eaux ;

» 2° A l'état particulier d'excitation produit par les principes minéralisateurs et constitutifs des eaux ;

» 3° A leur union à d'autres principes, et notamment à de la matière organique ;

» 4° A la cessation de toute préoccupation, de tout embarras d'affaires, au régime beaucoup plus régulier....

» Mais, comme je l'ai dit, le devoir du médecin est de peser aussi toutes les circonstances particulières des états organopathiques de chaque individu, pour déterminer la quantité d'eau qui doit être administrée, et même les médicaments, adjuvants de l'effet des eaux, qu'il faut donner. C'est surtout pour les affections chroniques, qui sont le plus grand nombre de celles qui exigent l'application des eaux minérales, qu'il est vrai de dire qu'on n'a guère à traiter que des individus malades, et non des maladies bien déterminées, comme celles qui sont décrites dans les livres.

» .... Je considère l'emploi des eaux de Contrexéville comme une médication d'une très grande énergie. Les principes minéralisateurs qu'elles contiennent en grande proportion leur donnent des propriétés thérapeutiques toutes spéciales, qui leur assurent une efficacité curative qu'on chercherait en vain dans la plupart des eaux minérales connues; on en obtient les effets les plus puissants en les administrant avec prudence et sagacité, et je pense que l'utilité de ces eaux est fortement secondée par l'influence du climat et de toutes les conditions hygiéniques où elles se trouvent (1). »

M. le docteur Dunoyer a exercé la médecine à Contrexéville de 1848 à 1852. Ce praticien n'a point publié ses observations.

M. le docteur Baud, dont nous avons cité le travail, a rempli les fonctions d'inspecteur de la source, de 1852 à 1860.

Enfin, l'honorable M. Mamelet, parvenu à un âge très avancé, mourut en 1856.

(1) Voy. la collection des thèses à la bibliothèque de la Faculté de médecine de Paris.

Le 31 mai 1857, nous sommes venu occuper le poste médical qui était resté vacant.

Le 27 juin 1860, M. le docteur Joseph Caillat est arrivé à Contrexéville avec la mission officielle d'inspecter la source. Ce fonctionnaire nous fera sans doute connaître plus tard les résultats de sa pratique, et nous aurons à en tenir compte dans les éditions subséquentes de ce travail.

Nous bornons là l'historique que nous nous étions proposé de tracer. Nous pourrions lui donner des proportions bien autrement considérables, et il ne nous aurait fallu pour cela que faire le relevé de toutes les opinions émises sur Contrexéville par la presque unanimité des auteurs qui ont traité dans les ouvrages de médecine ou de chirurgie toutes les questions se rattachant au traitement des affections des voies urinaires et de la goutte; mais nous ne nous sommes adressé qu'aux témoignages les plus compétents, à ceux qui émanent d'hommes convaincus par une longue expérience locale.

Maintenant, quel a été jusqu'à ce jour le nombre des malades venus à nos eaux? Les chiffres que nous avons pu nous procurer sont les suivants : en 1830, 108 ; en 1835, 109 ; en 1836, 139 ; en 1854, 101 (1) ; en 1855, 242 ; en 1856, 274 ; en 1857, 338 ; en 1858, 364 ; en 1859, 500 ; en 1860, 503 ; en 1861, 662.

Sans doute, le chiffre des malades a été bien loin de répondre à l'efficacité du remède ; mais, si le succès numérique a manqué, il est vrai de dire que l'on n'a rien fait pour le chercher : la réputation s'est faite lentement, et par le seul fait de la reconnaissance des clients guéris ou très notablement soulagés. Là où Contrexéville a mis un siècle pour arriver à la notoriété publique, d'autres établissements ont mis quelques années à peine ; mais le succès improvisé et dû à d'impudentes réclames n'a qu'une durée éphémère ; le silence et le ridicule s'emparent aussitôt de ces réputations forcées, de ces gloires d'un jour, et le vide ne tarde pas à se

(1) En 1854, le choléra sévissait dans toute la France. Les Vosges n'ont point été épargnées, et c'est là ce qui peut expliquer un chiffre aussi faible.

faire autour d'elles. En France et à l'étranger, nous en compte-
rions beaucoup d'exemples. Contrexéville repose sur des assises
inébranlables, et les événements prouveront tous les jours de plus
en plus en faveur de la marche ascendante qui l'attend.

CHAPITRE II.

CONSIDÉRATIONS GÉNÉRALES.

Il est à désirer que les malades, pendant les quelques jours qui
précèdent leur départ pour Contrexéville, mènent une vie douce
et exempte de toutes les dévorantes préoccupations de la vie. Malheureusement, le contraire arrive trop souvent, et c'est alors,
après des fatigues multiples, que la médication est commencée.
« Quand vous arrivez aux eaux, disait Alibert, faites comme si
vous entriez dans le temple d'Esculape; laissez à la porte toutes
les passions qui ont agité votre âme ou tourmenté votre esprit. »
En effet, plus le malade, au début du traitement, se rapproche
des conditions physiologiques, et plus il a de chances pour s'assi-
miler les vertus bienfaisantes de la médication qui l'attend.

A quelle époque de l'année est-il préférable de se rendre aux
eaux? Du temps de Plutarque, on préférait le printemps et l'au-
tomne, et, si nous en croyons Tibulle, les Romains renonçaient
aux bains pendant les chaleurs caniculaires. On a le très grand
tort de ne déférer en général qu'à des questions de convenance
personnelle et de remettre le soin de sa santé à un moment propice, c'est-à-dire aux instants de trève que peuvent laisser les
affaires, sans prendre suffisamment en considération les intérêts
bien autrement graves qui restent en souffrance.

Lorsqu'on a des motifs, — et ils sont malheureusement toujours trop sérieux,— pour venir faire connaissance avec Contrexéville, notre avis est qu'il faut savoir profiter du calme et de la
bonne entente qui règnent dans les services généraux à deux
époques bien précises de l'année, du 10 au 30 juin et du 10 au

2

30 août. On évite ainsi la foule : ou elle n'est point encore arrivée, ou elle est déjà partie.

A Contrexéville, plus peut-être qu'ailleurs, la médication est très sérieuse, car l'eau minérale agit comme un puissant modificateur de l'organisme. « Je regarde comme incurable, écrivait Bordeu, toute maladie chronique qui a résisté aux eaux minérales. » Ce qu'il y a de certain, c'est que le traitement que nous imposons aux malades qui fréquentent Contrexéville guérit assez souvent, qu'il soulage très fréquemment de la façon la plus notable et qu'il console toujours.

S'il arrive que les pérégrinations d'un certain nombre de malades sont frappées de stérilité, et qu'au retour d'un lointain et dispendieux voyage l'on vienne à regretter le sacrifice qu'on s'était imposé dans l'intérêt d'une santé compromise, cela tient, la plupart du temps, au manque de renseignements préalables sur la valeur thérapeutique des eaux que l'on a prises, et surtout à l'impardonnable légèreté et à la surprenante insouciance de quelques-uns de nos buveurs, qui, à leur arrivée à Contrexéville, s'improvisent fièrement leur propre médecin et même celui des autres. Que de fois n'ai-je pas été tardivement appelé pour parer à des éventualités non soupçonnées par ces *confrères*, telles que *attaques de goutte, coliques néphrétiques, rétentions d'urine, accès de fièvre, indigestions, pissements de sang*, etc. ! Quelque intelligent et instruit que soit un homme du monde, il ne fait qu'un déplorable médecin, par la raison toute simple qu'il n'a ni vu ni observé, et qu'il oublie toujours que la plus séduisante théorie vient se briser contre la brutalité du plus petit fait pratique.

On était autrefois dans l'habitude d'imposer un traitement préparatoire à la plupart des malades que l'on envoyait aux eaux. Cela nous rappelle que Boileau, auquel on conseilla les eaux de Bourbon-l'Archambault pour une extinction de voix, écrivit en 1687 à Racine : « J'ai été purgé, saigné; il ne me manque plus aucune des formalités prétendues nécessaires pour prendre les eaux. »

Le vénérable M. Mamelet était encore dans ces idées-là, et il lui est bien souvent arrivé de pratiquer chez ses malades une émission sanguine préventive; mais nous déclarons n'en avoir pas encore trouvé une seule fois l'occasion.

Nous avons exposé en 1861 notre manière de voir relativement au mode d'administration de l'eau de Contrexéville, à la variabilité de ses doses selon le cas morbide et à son action physiologique. Nous ne pouvons que renvoyer le lecteur à ce travail (1) : il y trouvera également des avis sur l'opportunité des bains et des douches, sur l'hygiène, le régime alimentaire, etc.

CHAPITRE III.

STATISTIQUE.

Le chiffre total des malades que j'ai eu l'honneur de soigner à Contrexéville pendant les années 1857, 1858, 1859, 1860 et 1861, s'élève à sept cent trente-quatre (2). Voici, d'après les notes que j'ai prises sur chacun d'eux, comment il m'a été possible de catégoriser les diverses affections dont ils étaient atteints :

Gravelle urique (*gravelle rouge*).	212
Gravelle phosphatique. Phosphate ammoniaco-magnésien (*gravelle grise*).	25
— — Phosphate de chaux (*gravelle blanche*).	22
Gravelle oxalique (*gravelle jaune*).	7
Gravelle pileuse.	1
Gravelle et catarrhe de vessie.	18
Goutte	62
Goutte et gravelle.	46
Goutte et catarrhe de vessie.	20
A reporter. . .	413

---

(1) Legrand du Saulle. *Quelques considérations médicales sur les eaux minérales de Contrexéville.* Broch. in-8.

(2) Je n'ai pas compris dans ce nombre les malades traités à Contrexéville par d'autres médecins, et qui m'ont néanmoins demandé des conseils : j'ai craint de faire un double emploi.

Report. . .	669
Fistule urinaire.	3
Cancer *très probable* de la vessie	1
Fissure à l'anus.	1
Prostatite aiguë.	2
Prostatite chronique.	24
Calcul de la prostate.	1
Cancer *probable* de la prostate	1
Pertes séminales.	7
Impuissance.	2
Rétrécissement du canal de l'urèthre	10
Inflammation chronique de l'urèthre	2
Corps étrangers dans l'urèthre.	2
Spasme de l'urèthre.	2
Blennorrhagie.	1
Accidents syphilitiques.	2
Hypochondrie.	3
Bronchite chronique	1
Total général.	734

CHAPITRE IV.

GRAVELLE. — CALCULS. — PIERRE. — COLIQUES NÉPHRÉTIQUES. —
INFLAMMATION CHRONIQUE DES REINS. — HYGIÈNE SPÉCIALE.

La statistique qui précède a montré combien la gravelle rouge s'est fréquemment présentée à mon observation. Les auteurs, du reste, et parmi eux MM. Civiale, Ségalas, Phillips, Mercier et Caudmont, ont pris soin de noter cette différence essentielle qui existe entre le degré de fréquence de la gravelle urique et des autres variétés de la maladie. Je m'en tiens aux divisions classiques de la gravelle, et je crois que l'affection calculeuse des reins présente de notables dissemblances, selon la composition chimique des concrétions, et il me répugne beaucoup à admettre, ainsi qu'on l'a prétendu, que des graviers d'acide urique, de phosphate ammoniaco-magnésien, de phosphate de chaux, d'oxalate de chaux, ne soient qu'une seule et même manifestation d'une seule et même maladie, la diathèse urique.

Un grand nombre de ces malades avaient éprouvé de ces redoutables crises néphrétiques dont le souvenir seul leur causait un juste effroi. La saison qu'ils ont faite à Contrexéville les a la plupart singulièrement améliorés, et j'ai recueilli ce témoignage de la bouche de quelques-uns déjà venus, que s'ils avaient parfois continué à observer pendant l'hiver un peu de sable fin dans leurs urines, du moins toute espèce de souffrance n'avait pas reparu. Beaucoup d'autres n'ont été pris d'accidents d'aucun genre.

J'ai eu l'occasion de vérifier toute l'exactitude de cette assertion émise par quelques auteurs recommandables, à savoir que l'eau de Contrexéville convenait à toutes les gravelles *indistinctement*. En effet, j'ai vu guérir ou considérablement s'amender des cas de gravelle phosphatique ou oxalique qui, dans les années précédentes, avaient été aggravés par une saison faite à Vichy, dont les eaux, d'ailleurs si précieuses lorsqu'elles sont administrées à propos, sont si nuisibles aux gravelles grise, blanche et jaune. Les médecins de Vichy, avec une bonne foi qui les honore, ont été les premiers à propager cette assertion qui demeure un fait acquis à la science.

Afin de ne laisser d'équivoque dans l'esprit de personne, citons les faits à l'appui :

« Les eaux minérales de Contrexéville, dit M. le docteur C. James, diffèrent de celles de Vichy par deux points essentiels ; d'abord, elles conviennent à toute espèce de gravelle, quelle qu'en soit la nature, attendu que ces eaux agissent plutôt par une sorte d'irrigation répétée que par des combinaisons chimiques ; ensuite, bien loin de faire disparaître la pierre ou d'en masquer la présence, en revêtant la surface d'un enduit soyeux, ainsi qu'on l'observe à Vichy, elles exaspèrent ces symptômes et souvent donnent le premier éveil (1). »

Nous pouvons citer un exemple bien remarquable de la réalité de ce fait. M. l'abbé P. du L..., chanoine et vicaire général d'un

_____

(1) *Guide pratique du médecin et des malades aux eaux minérales*, p. 205.

diocèse important, est venu en 1857, en 1858 et en 1859 à
Contrexéville. Il n'avait alors qu'un peu de gravelle urique, et la
saison qu'il fit au milieu de nous lui procura chaque fois une
amélioration des plus sensibles. Nous ne le vîmes pas en 1860,
mais, à son retour, au mois de juin 1861, il me parla d'accidents
spéciaux qui éveillèrent mon attention et me mirent en garde.
Malgré la grande modération que j'avais conseillée dans l'usage de
l'eau minérale, les symptômes primitivement accusés allèrent en
s'exaspérant. Je pris un jour à part M. P. du L... et je l'avertis
qu'il avait neuf chances sur dix pour avoir la pierre. Il se refusa
à tout examen, parut très affecté du jugement que je venais de
porter sur lui, repoussa énergiquement l'idée d'une opération à
Paris de la part d'un de nos plus célèbres lithotriteurs, auquel je
voulais le recommander, et rentra directement chez lui au bout de
quelques jours. Il raconta à ses amis le triste voyage qu'il avait fait
à Contrexéville et leur déclara que son intention bien formelle
était d'attendre dans le calme et le repos que Dieu le rappelât à
lui. Mais d'influents conseils le déterminèrent à venir un peu plus
tard à Paris. Sans raconter tout d'abord au chirurgien qu'il con-
sulta les circonstances qui précèdent, il se fit explorer la vessie. La
présence d'une pierre fut constatée. Le lendemain, le même opéra-
teur, assisté alors d'un confrère, confirma son diagnostic : le doute
n'était plus permis.

M. P. du L... fut lithotritié. Seulement, après la seconde
séance, un accès de fièvre survint. Ce ne fut que trente-huit jours
après que l'on put reprendre l'opération et la terminer complétement.

Dans les premiers jours d'avril 1862, à sa première sortie, cet
ecclésiastique distingué vint me voir à Paris et me remercier de
lui avoir si franchement ouvert les yeux sur son état.

Voici maintenant ce que l'observation et l'expérience ont appris
à M. le docteur Raoul Leroy, médecin à Vichy.

« Les eaux carbonatées calcaires, telles que Pougues, Contrexéville, conviennent mieux à la gravelle phosphatique. En
effet, dans cette affection, l'urine est ammoniacale, irritante et
caustique pour la muqueuse de la vessie, dont l'inflammation,
fournissant du muco-pus, devient à son tour une cause d'al-

calinité et de catarrhe, véritable cercle vicieux pathologique duquel
on ne peut sortir sans changer d'abord la nature de l'urine.
Eh bien ! chose remarquable et avérée, mais inexpliquée jusqu'à
ce jour, les eaux de Contrexéville et de Pougues, qui contiennent
des carbonates de chaux et de magnésie, joints à de la silice so-
luble et à de l'oxygène libre, rendent à l'urine son acidité normale
mieux que ne le font toutes les limonades minérales, que l'on prend
en grande quantité sans effet : elles lui donnent aussi une limpidité
incolore presque aqueuse, parce qu'elles sont peu minéralisées (1). »

Une des données généralement admises dans le traitement de la
gravelle, est l'emploi constant des diurétiques.

« Cet emploi, dit M. le docteur Moreau, est au reste fort bien
justifié, car tout ce qui peut favoriser l'expulsion des graviers
suffit souvent pour faire disparaître les accidents les plus redoutables. Quel moment plus favorable choisir pour arriver à ce résultat, si ce n'est celui où le volume peu considérable du gravier
permet au liquide urinaire de l'entraîner facilement ? C'est dans ce
but qu'on a non-seulement eu recours à des eaux minérales spéciales, à des tisanes diurétiques, mais jusqu'à de l'eau pure. Parmi
les eaux minérales nous trouvons en première ligne celles de Contrexéville (2). »

Les auteurs sont unanimes pour assigner le premier rang à
Contrexéville, dès qu'il s'agit de gravelle. Un dernier exemple le
fera nettement saisir une fois de plus encore :

« Pure de toute surprise, dit M. le docteur Peschier, de toute
excitation de l'opinion, dédaigneuse d'une éclosion précoce et par-
tant éphémère, la bienfaisante source de Contrexéville, par le seul
fait de la multiplicité et de la constance des guérisons qu'elle a dis-
séminées de par le monde, est parvenue à ce point de notoriété publique que son nom n'est pas moins identifié avec l'idée de gravelle
et de goutte, que celui de sulfate de quinine avec l'idée de fièvre inter-
mittente. Cette justice lui est rendue par tous et sans conteste (3).»

(1) *Études sur la gravelle.* Brochure in-8, Paris, 1857, p. 73.
(2) *Notice sur les eaux de Vittel*, p. 4 et 5.
(3) *Gazette des hôpitaux*, numéro du 24 février 1857.

A Contrexéville, les buveurs établissent généralement une con-
fusion étrange entre les mots *sédiments*, *sables*, *gravelle*, *gra-*
viers, *calculs* et *pierres*, et ils les emploient trop souvent les uns
pour les autres, ce qui ne laisse pas que d'avoir des inconvénients.
Il me paraît donc important de donner ici quelques définitions et
d'esquisser les principaux caractères qui distinguent ces diverses
expressions.

1° Les *sédiments* adhèrent aux parois du vase, par suite du
refroidissement de l'urine. Est-ce de la gravelle, m'a-t-on souvent
demandé? Non, toutes les fois que l'on s'est exposé à une grande
fatigue, que l'on a voyagé, que l'on a fait un excès de table, que
l'on a eu un accès de fièvre ou une indigestion, les urines sont
troubles, très chargées, et laissent un cercle d'un rouge vif sur les
parois et au fond du vase, mais quand cela ne se présente qu'acci- ·
dentellement, cela n'indique pas le moins du monde une disposition à la gravelle. Si cependant l'urine reste *sédimenteuse* en temps
ordinaire, c'est qu'elle renferme une proportion trop grande de
sels et habituellement d'urates. Or, il pourra fort bien arriver
qu'un jour ces sels soient *oubliés* dans le rein, qu'ils y séjournent
et n'en sortent que plus tard à l'état de sable, de gravelle, de graviers ou de calculs, et au prix de souffrances inouïes.

2° Les *sables* sont des concrétions pulvérulentes excessivement
fines qui se déposent.

3° La *gravelle* consiste dans l'agrégation des sables. Les malades rendent une proportion variable de petits corps, d'inégale
grosseur, plus ou moins arrondis, dont le volume varie entre celui
d'une tête d'épingle et celui d'un pois.

4° Les *graviers* ont une dimension plus considérable, mais com-
patible cependant avec le diamètre et le degré de dilatabilité possible des voies naturelles. Les graviers sont le plus souvent sphé-
riques ou ovalaires et sont comparables soit à des pois, soit à des
noyaux de cerise, soit à de petites fèves.

5° Les *calculs* sont des concrétions qui ne sont plus en rapport
avec l'étroitesse du canal de l'urèthre et qui ne peuvent sortir de
la vessie que par le fait de l'intervention chirurgicale.

6° La dénomination de *pierre* est appliquée seulement aux calculs très volumineux.

Maintenant, chaque espèce de gravelle a des caractères différentiels assez bien tranchés :

1° GRAVELLE URIQUE. — Les graviers d'acide urique sont extrêmement communs; leur couleur est d'un rouge jaunâtre ; lorsqu'on les met en contact avec des alcalis ou de la potasse, ils se décomposent très rapidement. L'acide azotique les dissout avec effervescence. Mis en présence du feu, ils se conservent entièrement (*gravelle rouge*).

2° GRAVELLE PHOSPHATIQUE. — A. Les graviers de phosphate ammoniaco-magnésien sont grisâtres, ont une saveur salée et verdissent le sirop de violette. Ils noircissent sur des charbons ardents et répandent une odeur ammoniacale (*gravelle grise*).

B. Les graviers de phosphate de chaux se rencontrent plus rarement; ils sont blancs (*gravelle blanche*).

3° GRAVELLE OXALIQUE. — Les graviers formés d'oxalate de chaux sont jaunes et quelquefois bruns ou presque noirs. Au moyen du chalumeau on enlève l'acide oxalique, et il ne reste plus que de la chaux pure en poudre (*gravelle jaune*).

4° GRAVELLE PILEUSE. — Lorsqu'on trouve des poils ou des fragments de poils au milieu des concrétions, la gravelle est dite pileuse. Cette variété, d'ailleurs excessivement rare, rentre dans les trois précédentes.

Parmi les malades soumis à la cure de Contrexéville, il en est parfois qui rendent séance tenante une quantité innombrable de graviers. En 1858, M. S... (de Lyon), que mon honorable et savant confrère, M. le professeur Devay, avait pris la peine de me recommander d'une manière toute spéciale, m'a présenté chaque matin quatre, cinq ou six graviers, et cela pendant vingt et un jours. Je pourrais encore citer MM. P..., C..., M... et V..., auxquels la même chose est arrivée.

« ...A Contrexéville, dit M. le docteur Raoul Leroy, dont les eaux sont loin d'être aussi minéralisées que celles de Vichy, et dans lesquelles la chaux remplace la soude, M. le docteur Boucheron (que mon père vient de guérir de la pierre) a observé l'an dernier (en 1856) un malade confié aux soins de M. Baud, qui, dans la troisième semaine de sa cure, remplit plusieurs boîtes avec des graviers d'acide urique gros comme de petits pois, et dont le nombre dépassait 150. »

Enfin M. Baud rapporte l'observation suivante :

« M. M... (de Chartres), âgé de soixante ans, de taille moyenne, sanguin, très valide et d'humeur joyeuse, avait de loin en loin, et depuis des années, des crises néphrétiques fort douloureuses, suivies de l'expulsion d'un ou de deux calculs uriques peu volumineux. Quelques bouteilles d'eau de Contrexéville, bues à son domicile, ayant, selon son expression, rafraîchi beaucoup ses reins, il vint, en 1856, boire cette eau à sa source. Pendant les vingt et un jours de son traitement, il rendit, sans la moindre douleur, sans la moindre gêne, 700 calculs uriques, d'un volume variable entre une tête d'épingle et un grain de chènevis. »

Dans l'hiver de 1861 à 1862, MM. les docteurs Saulpic et Poinsot ont donné des soins à une femme de Vincennes, qui, sous l'influence de quelques bouteilles d'eau de Contrexéville, se mit à rendre une quantité prodigieuse de graviers de phosphate ammoniaco-magnésien. Nous possédons une petite boîte que cette malade a remplie dans l'espace de trois jours ! Il existait, d'ailleurs, chez elle une très grave affection catarrhale de la vessie, et nous pensons qu'elle doit avoir succombé.

M. Mamelet a cité l'observation de M. Morin, ancien entreposeur de tabacs, âgé de soixante-neuf ans, qui, après onze jours de traitement à Contrexéville, s'éveilla une nuit avec un très vif besoin d'uriner, qu'il ne put satisfaire.

« Il fit un effort pour vaincre ce besoin, et rendit en une seule fois quatorze graviers plus ou moins gros, dont cinq comme des grains de café moka. Tous avaient des facettes lisses, légèrement enduites de mucus, ce qui indiquait qu'ils formaient un tout par juxtaposition. »

Le volume des concrétions excite parfois l'étonnement. Tous les ans, M. P..., chef de bureau à l'administration des chemins de fer de l'Est, fait voir aux buveurs un corps étranger qui l'a fait souffrir pendant environ dix ans et qu'il a spontanément rendu après deux saisons passées à Contrexéville. Ce gravier, dont les proportions sont tout à fait exceptionnelles, a, du reste, été présenté par M. le docteur Boinet à la Société de chirurgie.

M. le général X..., auquel nous avons donné des conseils en 1860, a rendu, dans l'hiver de 1860 à 1861, un très gros gravier d'acide urique sans avoir été averti auparavant par le moindre malaise. Cette circonstance l'a d'autant plus frappé qu'il avait anciennement éprouvé de violentes coliques néphrétiques. Client reconnaissant, il s'est engagé à revenir chaque année.

En 1859, M. M..., attaché à la légation de la Nouvelle-Grenade, âgé de trente-deux ans, envoyé à Contrexéville par M. le professeur Trousseau, m'a également montré un corps étranger excessivement volumineux et hérissé d'aspérités, expulsé sans crises néphrétiques préalables !

On retrouve dans les auteurs quelques faits analogues à tous ceux qui précèdent. Ainsi, Christini a vu un malade rendre en vingt-quatre heures dix huit graviers gros comme des noisettes. Fabrice de Hilden cite un enfant qui a pu rejeter des calculs gros comme une châtaigne. M. Leroy père a vu un certain M. X..., négociant, qui, après deux mois de traitement par de l'eau minérale à haute dose, rendit un calcul d'oxalate de chaux du volume et de la forme d'une amande, dont la longueur était de 9 lignes. M. Raoul Leroy a observé un gravier presque gros comme une cerise qui avait parcouru tout l'urèthre et s'était arrêté derrière le canal urinaire.

Ces exemples sont infiniment moins surprenants lorsqu'ils se présentent chez la femme, dont l'urèthre est large, court et élastique. C'est ainsi que M. le docteur Cambournac (de Bourges) a pu dégager avec ses doigts de l'urèthre d'une femme un calcul d'acide urique de la grosseur d'un petit œuf de poule !

Je me propose de rapporter dans ce travail quelques observations de gravelle très probantes en faveur de l'efficacité des eaux de Contrexéville et tirées de ma pratique particulière; mais je crois auparavant devoir les faire précéder de l'observation qu'a citée M. Bagard dans le mémoire qu'il lut, le 10 janvier 1760, à la Société royale des sciences et arts de Nancy. Je la transcris textuellement, dans son style du temps, et le lecteur verra quel immense intérêt elle présente :

« Mademoiselle Desmarets, aujourd'hui veuve d'un officier supérieur de l'ancien régiment de la Reine, étant âgée de dix ans, était tourmentée de la pierre. On la conduisit à Lunéville pour souffrir l'opération de la taille; la saison ne s'étant pas trouvée propice, on la différa. Cette enfant maigrissait tous les jours, et on attendait une mort certaine.

» On la fit venir à Bourmont, qui n'est pas éloigné de Contrexéville, et, dès le premier printemps, qui était celui de 1759, on lui fit prendre les eaux de Contrexéville, qu'on allait puiser à la fontaine.

» Elle se trouva d'abord beaucoup soulagée : elle commença à retenir ses urines et à reprendre de l'embonpoint. Ayant continué les eaux à l'arrière-saison, elle s'est trouvée de mieux en mieux.

» Enfin elle est allée au printemps dernier à Contrexéville, où elle a passé une quinzaine de jours, et est revenue à Bourmont. Quelques jours après son retour, elle ressentit des douleurs très aiguës à la vessie et au col de cet organe, qui lui causèrent une espèce de faiblesse. Le lendemain, pareil accident lui survint : elle prit le pot de chambre pour uriner; elle rendit à ce moment, sans peine, une pierre de la grosseur d'une grosse balle de calibre, mais irrégulière, qui tomba comme un plomb dans le pot.

» Cette pierre a toutes les marques extérieures d'avoir eu un plus gros volume; on y remarquera des tubérosités et des enfoncements qui font juger que les eaux de Contrexéville en ont détaché des fragments. »

J'arrive enfin à l'exposé des quelques faits cliniques très concluants qui se sont passés sous mes yeux. C'est bien le cas de répéter ici : *Non numerandæ sunt observationes, sed perpendendæ.*

1° M. Albert M..., avocat, originaire de l'île Maurice, âgé de trente et un ans, d'une constitution moyenne, fut envoyé aux eaux de Contrexéville en juin 1857, sur les conseils de MM. Rayer et Béhier, contradictoirement à l'avis de M. Constantin James, qui s'était exclusivement prononcé pour les eaux de Carlsbad.

Depuis cinq ou six ans, M. M... éprouve une douleur gravative et quelquefois lancinante dans la région occupée par le rein gauche. Ses urines charrient, depuis cette époque, une proportion notable de phosphate de chaux et une quantité considérable de matières glaireuses, muqueuses et d'apparence puriforme. Il a successivement renoncé à la gymnastique, à l'équitation, à l'exercice des armes, à la natation et à la chasse; à peine peut-il faire une promenade prolongée au delà de vingt à trente minutes.

Le malade porte un exutoire sur le rein gauche, et il a déjà suivi, mais infructueusement, une foule de médications d'ailleurs très rationnelles.

Animé d'un désir excessif de se guérir, M. M... arrivait à Contrexéville l'espoir dans le cœur. Appelé auprès de lui, nous fûmes frappé tout d'abord de l'aspect très défavorable que présentait l'urine et de la nature du dépôt; une première analyse chimique nous décela la présence d'un sable phosphatique très abondant, mêlé à du mucus et à du pus.

La percussion, appliquée avec de grands ménagements sur le rein gauche, me fit bientôt reconnaître une hypertrophie très manifeste de cet organe. En considération d'une foule de circonstances propres au malade, je ne crus pas devoir lui permettre de faire un usage trop copieux de l'eau minérale, et bien m'en prit alors, car à peine était-il arrivé à la dose de six ou sept verres prescrits par moi comme chiffre maximum, que des douleurs beaucoup plus vives du rein avec inappétence, abattement, altération légère des traits de la face, activité circulatoire et dérangement intestinal, m'obligèrent à suspendre tout traitement pendant trente-six heures. Au bout de ce temps, M. M... recommença par trois verres et arriva sans malaise nouveau à sept et même à huit verres; mais je l'arrêtai là.

J'ai eu beàucoup à me louer dans ce cas d'avoir insisté sur les bains. Ils procuraient au malade un soulagement des plus marqués. J'en ai prescrit jusqu'à quatre ou cinq par semaine et j'en laissais prolonger la durée pendant une heure ou une heure et demie.

Quinze jours après l'arrivée de M. M.... à Contrexéville, je percutai de nouveau le rein gauche et j'annonçai qu'il avait un peu diminué. Une seconde analyse de l'urine, sans me donner des résultats bien satisfaisants, m'indiqua cependant que le malade entrait dans une voie meilleure.

Le vingt et unième jour, M. M... sa décida, sur mes instances réitérées, à se reposer pendant trois ou quatre jours, et à recommencer ensuite une demi-saison. Le volume du rein continua à diminuer, les urines se dépouillèrent lentement de leurs éléments pathologiques, l'état général s'améliora, les forces et l'appétit laissèrent peu à désirer, et le trente-cinquième jour, désireux de poursuivre encore cette cure commençante, je demandai une nouvelle prolongation de huit jours, dont trois de repos absolu et cinq de traitement final.

La veille de son départ, après une investigation clinique et une analyse chimique dernières, je constatai un retour sensible du rein gauche vers l'état normal et une amélioration marquée de l'urine. Je remis à M. M... une note très détaillée pour ses médecins, et je déclarai qu'une saison à Contrexéville pour l'année suivante me paraissait tout à fait indispensable.

Six semaines après son retour des eaux, M. M... montait à cheval et chassait pendant de longues heures. De temps à autre, pendant tout le cours de l'hiver de 1857 à 1858, il était averti qu'il ne saurait sans danger reprendre des habitudes très actives, mais avec quelques soins appropriés et des ménagements, tout se passa bien.

Dans les premiers jours d'août 1858, il quitta les Pyrénées où l'avait appelé la santé de sa femme, et arriva à Contrexéville. Mais je m'aperçus aussitôt qu'il avait perdu du terrain : le rein, sans avoir cependant repris les dimensions qu'il avait en juin 1857, était gros, dur, tendu, et l'urine était redevenue très laide. La santé générale paraissait irréprochable.

M. M..., après une saison de vingt et un jours, quitta Contrexéville très manifestement amélioré, mais non guéri tout à fait. Il reprit sa vie de villégiature et de chasse pendant le mois de septembre, d'octobre et de novembre, et dans les premiers jours de décembre, le hasard me fit trouver en consultation avec M. le docteur Charruau, qui, à ma grande stupéfaction, me parla de

M. M..., qu'il avait connu dans le monde et auquel il avait en ce moment l'honneur de donner 'ses soins. Cet honorable et savant confrère m'apprit que, depuis son dernier voyage à Contrexéville, M. M... avait, de temps à autre, éprouvé de vifs élancements dans le rein, et qu'il se plaignait d'avoir été bien plus *travaillé par les eaux* que l'année précédente. A très peu de temps de là, M. M... m'écrivit une lettre qui ne me parvint qu'à Nice, où je me trouvais alors, dans laquelle il m'annonçait qu'après quelques jours de souffrances gravatives du rein, de courbature et de prostration des forces, il venait de rendre un calcul très volumineux et d'une longueur insolite. Arrêté dans le canal de l'urèthre, près du méat urinaire, ce corps étranger avait donné lieu à une hémorrhagie ; un médecin mandé en hâte à quatre heures du matin avait essayé de saisir le calcul et de l'amener doucement au dehors, mais au moment d'être extrait, il se rompit en deux entre les mors de l'instrument, et la seconde moitié resta dans le canal : heureusement elle put en sortir presque aussitôt après.

Le repos, l'horizontalité et quelques boissons délayantes furent mis en œuvre ; les urines restèrent un peu sanglantes pendant vingt-quatre ou trente-six heures, et tout rentra dans l'ordre.

A partir de ce jour, M. M... fut complétement guéri. Il n'est point revenu à Contrexéville, mais j'ai appris par un de ses compatriotes que sa santé était devenue excellente. J'ai eu le plaisir de le voir dans l'hiver de 1861 : il prenait un embonpoint très marqué et paraissait très heureux.

Une semblable observation n'a en vérité pas besoin de commentaires. Tout le monde comprend le rôle puissant qu'a joué l'eau de Contrexéville dans ce cas. Un corps étranger énorme se trouvait logé dans les reins, il a été peu à peu détaché, puis chassé au dehors, et en vertu de ce vieil axiome *sublata causa, tollitur effectus*, le malade est rentré dans des conditions physiologiques.

2° M. Alph. T..., docteur en médecine, à Paris, âgé de quarante-six ans environ, de taille moyenne, d'une constitution vigoureuse et chargé d'obésité, arriva à Contrexéville le 2 juillet 1857. Le soir même, je fus consulté par mon confrère. Il m'apprit qu'il était tourmenté depuis longtemps déjà par un catarrhe de vessie qui finissait par lui rendre l'exercice de sa profession presque impraticable, tant il était tourmenté dans la journée par de fréquents besoins d'uriner. Depuis une ou deux années, il avait été en outre affecté de crises néphrétiques horriblement douloureuses, à la suite desquelles il avait rendu quelques graviers composés de phosphate de chaux. Le souvenir de ses souffrances passées et la crainte de récidives subséquentes lui inspiraient un juste effroi. Ses urines charriaient presque en tout temps une notable proportion de mucus et laissaient déposer un sable blanchâtre. Son état général commençait à être éprouvé : les digestions étaient lentes et pénibles, et le sommeil, trop souvent troublé par de pressants besoins, cessait d'être suffisamment réparateur. A Paris, il n'avait ressenti quelques soulagements que de l'usage de l'eau de Contrexéville et de l'emploi de bains généraux assez prolongés.

Je commençai tout d'abord par rassurer M. le docteur T... et par lui donner le ferme espoir qu'il retrouverait certainement la santé parmi nous. Nous convînmes ensuite de son mode de traitement.

A peine avait-il bu pendant deux matinées qu'il fut obligé de se mettre au lit. Je le vis le 4 juillet, à dix heures du soir; il souffrait beaucoup des reins, n'urinait qu'avec la plus grande difficulté, et éprouvait le long du canal de l'urèthre des ardeurs et des cuissons presque intolérables. Comme il n'avait point pris d'aliments depuis onze heures du matin, j'engageai mon confrère à boire quelques demi-verres d'eau minérale mélangée avec du sirop d'orgeat, et à descendre néanmoins à la fontaine le lendemain matin, si la nuit n'était pas trop mauvaise.

Effectivement, le 5 juillet, M. T..., quoique toujours très souffrant, vint à la source, mais il y but avec réserve. Son état de malaise augmentant, il fut convenu qu'il se mettrait au bain et tâcherait d'y rester une heure et demie ou deux heures. A quatre heures madame T... vint me trouver, et me pria d'aller voir son mari dont les gémissements plaintifs et les cris commençaient à inquiéter tout le monde dans le quartier des bains. « Mon cher confrère, me dit-il, en m'apercevant, allez chercher votre trousse

et venez bien vite me sonder, je ne peux plus uriner du tout. »
J'obéis à sa prière, et je revins aussitôt. Mais, la réflexion aidant,
je me montrai médiocrement disposé, surtout en présence de
l'abattement moral du malade qui redoutait cette opération, d'ailleurs si inoffensive, à passer une sonde d'argent, et après quelques
paroles affectueuses et consolantes, je l'engageai à temporiser
encore une heure ou deux. Il ne me semblait pas qu'il y eût péril
en la demeure. Soutenu par madame T... et par le baigneur,
ployé en deux, pâle, défait, inondé de sueur et tout gémissant, il
put à grand'peine regagner son lit. A peine avait-il pris la position
horizontale qu'il se manifesta un grand calme. Une heure après,
il se soulève sans douleur, urine lentement, mais en très grande
abondance ; le jet du liquide était brisé, le canal de l'urèthre bien
sensible encore, quand les derniers efforts de la miction ame-
nèrent l'expulsion de quelques fragments de gravier blanc. Je dis
fragments, car ils m'ont paru désagrégés déjà, à en juger par leur
consistance molle et la facilité avec laquelle ils s'écrasaient sous
le doigt ; ils étaient composés de phosphate de chaux à peu près
pur.

Dans la nuit, M. T... en rendit encore, mais sans souffrances,
puis de nouveau à son réveil.

Le 6 juillet, mon confrère descendit à la source, but six verres
d'eau minérale, urina sans difficulté, rendit encore du phosphate
de chaux, mais sans en être péniblement affecté, et à partir de ce
jour-là il entra pour moi en convalescence.

M. T... reprit son appétit, sa gaieté, et rentra dans la vie commune. Il augmenta progressivement jusqu'à douze le nombre de ses
verres d'eau minérale, prit un bain d'une heure chaque jour, eut
la satisfaction d'être de moins en moins tourmenté pendant la
nuit par les besoins d'uriner, et put dormir tranquillement trois
ou quatre heures de suite.

Le 23 juillet, M. T... allait parfaitement bien, ne souffrant pas
du tout des reins, ne se relevant pas une seule fois dans la nuit,
ne rendant plus du tout de sable, ayant les urines d'une grande
limpidité. Il quitta Contrexéville plein de joie, racontant à tout le
monde la promptitude de sa guérison, se promettant bien de

revenir dans nos Vosges. Il me témoigna particulièrement la reconnaissance la plus confraternelle.

Il me pria, sur ces entrefaites, de demander pour lui une caisse de cinquante bouteilles d'eau. Il les but dans l'hiver, comme mesure préventive, car sa santé resta excellente.

Le 3 juillet 1858, M. le docteur T... revint à Contrexéville par *reconnaissance*, comme il se plut à le répéter. Il fut un peu éprouvé par la médication, dans la première semaine, mais son malaise se borna, ce me semble, à de l'embarras gastrique. A cette seconde saison, M. T... dirigea lui-même son propre traitement. Il partit le 25 juillet.

Le 16 juin 1859, M. le docteur T... revint une troisième fois, et le 21 juin 1860, une quatrième fois à Contrexéville. Sa santé paraissait irréprochable. Nous ne l'avons pas vu en 1861. Cette abstention de sa part est significative.

3° M. Humblot, cultivateur de la Lorraine, âgé de cinquante ans, me fut amené, au mois de juillet 1857, par un jeune confrère des Vosges, M. Messager, qui désirait avoir mon avis sur le cas pathologique soumis à son examen. Je reconnus chez le malade l'existence d'une cystite chronique (catarrhe de vessie) intense, de deux ou trois obstacles dans le trajet du canal de l'urèthre et d'une tuméfaction légère de la prostate. Ma prescription dut provisoirement se borner à quelques conseils appropriés, et je déclarai à mon confrère que les eaux de Contrexéville étaient nettement indiquées en pareille occurrence.

Trois semaines après, au mois d'août, le malade revint, avec l'intention bien ferme de rester entre mes mains tout le temps nécessaire. Je le soumis à une médication énergique : de huit à douze verres d'eau minérale en boisson, des bains à 26 degrés d'une heure et demie, et des douches périnéales froides. Le neuvième jour je fus mandé en toute hâte à l'hôtel pour voir M. H..., qui, je dois le dire, m'avait accusé la veille une douleur gravative intense dans la région lombaire du côté gauche.

A mon arrivée, je trouvai le malade en proie à une anxiété très vive, la face sensiblement pâle et inondée d'une sueur froide et visqueuse, les traits altérés, le pouls petit et précipité. La souffrance rénale avait cessé depuis le matin, mais des difficultés dans l'acte de la miction avaient apparu, et un état de malaise général presque alarmant, accompagné de plusieurs vomissements, s'était progressivement développé. Je fis appel aussitôt à tous les éléments de diagnostic dont notre art dispose, et j'allais presque croire à des symptômes d'étranglement interne, lorsque, grâce à l'extrême maigreur du sujet, je sentis un petit corps ovale, très dur, mobile, dans la région qui me parut être anatomiquement occupée par l'uretère gauche. En appuyant fortement les doigts, j'arrachais des plaintes et des cris au malade. Je pensai alors qu'un calcul trop volumineux pour le calibre de l'uretère était arrêté dans ce conduit, et je fis part de mon opinion à M. H..., qui m'affirma n'avoir jamais souffert des reins que la veille, et n'avoir jamais rendu ni sable ni graviers. Je n'en persistai pas moins dans mon diagnostic, et je prescrivis un bain prolongé et une douche de vingt minutes *loco dolenti*.

Le lendemain, le petit corps dur était certainement descendu d'au moins 2 centimètres, ce qui m'encouragea dans ma manière de voir, et me fit insister sur les mêmes moyens que la veille, aidés encore par l'administration d'une grande quantité d'eau minérale à l'intérieur. Je fis à M. H... l'extrême recommandation de n'uriner pendant le jour que dans un vase, et quarante-huit heures après il m'apportait, presque triomphant, un gros gravier gris, composé de phosphate ammoniaco-magnésien. Je regrette énormément de n'avoir pu retrouver ce curieux échantillon, car j'aurais vivement désiré le conserver.

Pour en revenir à M. H..., il ne rendit plus aucun gravier, et au bout de vingt et un jours il nous quitta dans un état de santé relativement très satisfaisant. En 1858, je fis demander de ses nouvelles, et j'appris par son médecin ordinaire qu'il était mort pendant l'hiver d'une fluxion de poitrine.

La conclusion de ce fait est facile à tirer : il tend à prouver combien l'eau minérale de Contrexéville a une action directe et presque spécifique sur les reins d'abord, et ensuite sur toute la filière des voies génito-urinaires.

Je compte actuellement neuf autres observations de gravelle avec coliques néphrétiques préalables, suivies de guérison après une ou deux saisons. Leur étendue m'empêche de les insérer dans ce mémoire. Je ne suis pas fâché d'ailleurs d'attendre encore un an avant de les faire connaître : le résultat sera plus saisissant, si, comme je compte bien l'apprendre, aucune récidive ne survient d'ici là.

Beaucoup d'autres malades ont éprouvé de leur traitement à Contrexéville des effets aussi sûrs, mais ces clients sont disséminés dans toute la France, et je n'ai reçu de leurs nouvelles que d'une manière trop indirecte pour que je puisse entrer à leur sujet dans des détails circonstanciés.

La gravelle est-elle une maladie héréditaire? Dans le sens absolu du mot, je ne le croyais pas tout d'abord, mais j'avoue que j'ai été témoin de faits assez caractérisés, très probants même, et j'ai peine à croire aujourd'hui qu'il n'y ait eu là qu'une simple coïncidence. Ainsi, en 1857 et en 1858, j'ai vu MM. C... père et fils; ils sont revenus en 1859, mais accompagnés de M. Jules C..., frère de M. C... père. Non-seulement tous trois avaient la gravelle, mais j'apprenais d'eux encore que plusieurs membres de leur famille étaient également tourmentés par cette affection. — En 1859, j'ai eu occasion de donner des conseils à M. L..., atteint de goutte et de gravelle, à madame G..., sa fille, et au jeune G..., son petit-fils, âgé de six ans. Madame G... et son fils avaient la gravelle. — En 1857 et 1859, M. S... (de Troyes) est venu à Contrexéville, accompagné de son fils, âgé de douze ans; l'urine de tous deux charriait une forte proportion de sable.— Même chose pour M. R... et ses deux filles ; pour M. D... et son fils. — M. L... (de Besançon), vint en 1857 à Contrexéville, après avoir cruellement souffert de coliques néphrétiques. Son père y était venu en 1835 pour la même cause. — Je citerai enfin madame la comtesse de G... (d'Angoulême), dont la mère, madame la baronne de M..., était venue pour la première fois à Contrexéville en 1838. Ces deux dames ont éprouvé des accidents identiques.

Il y a évidemment là quelque chose. Je me suis mis à la recherche des influences héréditaires, et je consigne avec soin tous les renseignements qui me sont transmis. J'aurai probablement à faire connaître plus tard un ensemble de faits très intéressants.

On m'a très souvent demandé pourquoi la gravelle était infiniment plus rare chez la femme que chez l'homme. Je ne saurais l'attribuer qu'à un effet indirect, mais éminemment salutaire du flux périodique. Pour le sexe féminin, la pléthore est prévenue par chaque retour de l'époque mensuelle, et la masse totale du sang se trouve dépouillée naturellement d'une notable quantité d'urée. Il doit en être ainsi, puisque les expériences de chimie anatomique dues à MM. Robin et Verdeil ont prouvé que, dans un temps donné, l'homme adulte rendait une proportion bien plus grande d'urée que la femme adulte. Maintenant, il est vrai d'ajouter que la femme est beaucoup plus sobre que l'homme, qu'elle commet rarement d'excès et qu'elle a un genre de vie extrêmement calme et régulier.

En cinq ans, j'ai donné des soins à neuf enfants de cinq à treize ans : cinq avaient la gravelle, un la gravelle et la goutte, et trois la goutte. M. Civiale pense que la gravelle passe habituellement inaperçue dans l'enfance, et que c'est là ce qui pourrait expliquer sa rareté. Cette opinion me paraît peu probable, car les coliques néphrétiques ou les souffrances occasionnées par le cheminement de corps étrangers dans des canaux si étroits, seraient réellement bien susceptibles d'éveiller la vigilante sollicitude des familles.

Puisque les mots *coliques néphrétiques* viennent de se glisser sous ma plume, je dirai qu'en 1859 seulement, il m'a été donné d'en voir quatre formidables exemples. En pareille occurrence, je me suis aussitôt évertué à combattre l'élément douleur au moyen d'une application très courte d'un mélange d'alcool camphré, de chloroforme et de laudanum liquide de Sydenham. Toute souffrance était instantanément suspendue pendant 5, 10, 12, 15 et 18 minutes. Ce moyen était bien autrement actif que le sinapisme de farine de moutarde apposé sur le rein, qui cependant rend d'utiles services. Aussitôt que les douleurs reprenaient, je procédais à une nouvelle application révulsive et calmante, et enfin, après avoir ainsi fait avorter la crise à sept ou huit reprises différentes, je plongeais le malade dans un bain à 28 degrés centigrades, — nous étions alors au mois de juillet et d'août, — et je l'y laissais pendant deux ou trois heures. Je le faisais coucher ensuite, j'administrais à l'intérieur (lorsqu'il y avait une suffisante tolérance de la part de l'estomac) différents diurétiques, ou mieux la potion à l'acide benzoïque, si justement préconisée à Paris (1). Après trois ou quatre heures de séjour au lit, si tous les accidents n'étaient point conjurés encore, je redonnais un grand bain d'une, de deux ou trois heures, et généralement tout était dit. Le malade se recouchait ensuite, s'endormait profondément, et se réveillait sain et sauf, étonné d'avoir si peu souffert, plus surpris encore de n'avoir pas été martyrisé par des sangsues ou des ventouses scarifiées.

En 1861, deux nouvelles occasions se sont présentées, et j'ai encore réussi ; mais en 1860 il m'est arrivé de me trouver en présence d'une crise tellement douloureuse et de vomissements si violents, que j'ai dû à tout prix recourir à trois pilules d'opium. Un calme bienfaisant en est résulté.

La violence d'une colique néphrétique n'est nullement en rapport, comme on le croit d'ordinaire, avec le volume du produit. Les plus atroces douleurs peuvent parfois n'amener l'expulsion que de quelques grains d'un sable très fin, tandis que des corps étrangers d'un fort calibre retentiront à peine sur la susceptibilité rénale. Je livre le fait sans chercher à l'expliquer.

Je me hâte d'arriver à une série de faits qui m'ont présenté un immense intérêt, et qui m'ont conduit à des résultats presque infaillibles. J'ai dit que j'avais observé vingt cas de néphrite,

(1) En 1860 et en 1861, j'ai conseillé à un certain nombre de malades l'usage de l'acide benzoïque, du benzoate de soude ou de benzoate de chaux. J'expérimentais ainsi la médication sur laquelle M. Bouchardat, professeur à la Faculté de médecine de Paris, a fixé si sérieusement l'attention du monde médical, et je dois dire qu'environ dans le tiers des cas je suis parvenu à déterminer une amélioration très marquée. La plupart du temps cette médication, d'ailleurs si simple, a été suivie pendant l'hiver, et les goutteux atteints de gravelle me paraissent en avoir retiré plus de profit que les graveleux non goutteux. Je vais poursuivre ces recherches.

c'est-à-dire vingt malades affectés d'états pathologiques des reins assez mal déterminés, assez obscurs : plusieurs accusaient des douleurs très vives, et l'un d'eux, artiste sculpteur, âgé de trente-cinq ans, ne pouvait en aucune façon garder la position horizontale ! Depuis dix-huit mois, il couchait dans un fauteuil ! J'eus l'heureuse pensée que j'avais jadis été familiarisé avec toutes les finesses de la percussion, et j'appliquai avec quelque espoir un plessimètre sur les organes malades. J'ai facilement découvert qu'il s'agissait là le plus souvent d'hypertrophie considérable de l'un des reins, et du rein gauche quatorze fois sur vingt.

J'ai conservé généralement ces malades pendant plus d'une saison, et tous les huit jours je pouvais constater, sous l'influence de la cure, un retrait sensible dans le volume de l'organe, une souplesse inaccoutumée dans la région lombaire et des modifications importantes dans la nature des excrétions rénales. Je dessinais sur la peau les dimensions du rein malade et celles de l'organe non affecté, — car je ne les ai jamais rencontrés tous les deux exagérés de volume à la fois, — et sur un papier transparent je reproduisais exactement les délimitations pathologiques et physiologiques. Me livrant à une étude comparative de mes deux dessins, renouvelant chaque semaine cette investigation clinique, j'avais la satisfaction de renvoyer les malades au bout de trente ou de quarante jours dans le plus excellent état de santé, quoique conservant toujours, je dois le dire, un rein un peu au-dessus de la normale. Je n'ai pas encore pu aboutir à faire strictement rentrer l'organe malade dans ses seules limites anatomiques.

Cela n'a rien d'étonnant en soi, et nous pourrions emprunter à la pratique commune mille exemples analogues. Je me propose de réunir ultérieurement ces vingt observations, ainsi que celles qui pourraient se présenter dans le cours de la saison actuelle, et d'en tirer quelques conclusions ; je suis convaincu que ce travail sera susceptible d'offrir quelque intérêt au monde médical. Le traitement particulier que j'ai institué en pareil cas, et qui a donné, aux yeux de tous, des résultats si saisissants, consiste dans l'emploi simultané de lotions tièdes, fraîches, puis froides sur tout le corps, de frictions énergiques sur l'organe malade, et de douches à température progressivement basse, ainsi que dans l'administration de l'eau minérale à l'intérieur. J'ai eu rarement l'occasion d'y ajouter autre chose. Cette médication est d'une grande simplicité, comme on le voit, et surtout d'une innocuité absolue. J'en livre la formule avec d'autant plus d'empressement, et j'ajoute que les frictions, telles que je les faisais faire par le baigneur de l'établissement, ont toujours déterminé un très grand soulagement chez les malades.

J'ai vu neuf cas de pierre. L'un des malades, Ch. M..., maître d'hôtel à l'établissement, âgé de trente-deux ans, avait été incomplétement lithotritié en 1856 par M. le docteur Baud, et incomplétement aussi par moi, sur la fin d'août 1857. Deux ou trois mois après, sur mon conseil, Ch. M... vint à Paris. Je l'adressai alors à M. Civiale, qui s'empressa de le recevoir dans son service à l'hôpital Necker. Seulement, après l'avoir examiné, il reconnut que la lithotritie n'était plus possible et s'expliqua parfaitement les insuccès des opérations tentées par M. Baud et par moi. Il fit passer le malade dans les salles de chirurgie, afin qu'il eût à subir la taille. On prit jour pour l'opération, et M. Depaul, suppléant de M. Lenoir, assisté de M. Civiale, de quelques praticiens de la ville et des élèves de l'hôpital, commença l'une des tailles les plus laborieuses qui aient été consignées dans les annales de la science. Ch. M... resta chloroformisé pendant un peu plus de trois quarts d'heure, et M. Depaul, obligé à chaque instant de modifier son procédé opératoire, retira successivement quatre pierres. L'une était de la grosseur d'un petit œuf de poule, et les trois autres avaient à peu près le volume d'une noix.

Les suites de l'opération furent des plus heureuses, et sept semaines après, Ch. M... venait prendre congé de moi et m'annonçait son départ pour la Lorraine. Il est revenu à Contrexéville pendant les saisons de 1858, de 1859, de 1860 et de 1861; sa santé n'a jamais été meilleure; il but six ou sept verres d'eau minérale tous les matins, et cela pendant quatre ou cinq mois.

Je suis autorisé à penser qu'il n'y aura pas de récidive, surtout si Ch. M... recourt encore par la suite à la même intervention hydrologique, car « aucune récidive de pierre, dit M. le docteur

Rotureau, n'a encore été constatée sur les nombreux malades qui
viennent chaque année s'adresser aux vertus prophylactiques des
sources de Contrexéville (1). »

Si l'on nous demande maintenant quelle est l'action de l'eau de
Contrexéville sur les calculs, et comment nous comprenons le rôle
si important qu'elle est dans ces circonstances appelée à jouer,
nous répondrons par les paroles suivantes de M. le professeur
Trousseau, dont les appréciations en médecine jouissent d'un
crédit si mérité :

« Je n'accorde pas aux eaux de Contrexéville, de Vals, de
Pougues ou de Vichy, une action dissolvante sur les corps étrangers du rein et de la vessie. Lorsqu'un calcul est logé dans l'un
des reins, il faut qu'il en soit chassé et qu'il tombe dans le réser-
voir naturel de l'urine, car le médecin ne peut pas plus guérir les
calculs rénaux que les calculs biliaires. Ce qui, par exemple, est
en son pouvoir, c'est de prévenir la formation de corps étrangers
ultérieurs, d'en empêcher le développement, et de veiller, dans
les cas de gravelle urique, au maintien d'une urine normale, et,
quand il s'agit de gravelle biliaire, à la conservation d'une bile à
l'état physiologique. Si nous pouvons faire cesser la disposition
particulière en vertu de laquelle ces calculs ont été fabriqués, nous
aurons déjà beaucoup fait.

» Les eaux minérales de Contrexéville, de Carlsbad, Pougues,
Vals ou Vichy, pourront immédiatement provoquer l'expulsion de
ces calculs, et faire que pendant six mois, un an, deux ans et
quelquefois plus, les malades n'aient plus cette aptitude à produire des corps étrangers; en un mot, n'aient plus la gravelle.
Qu'a fait alors la saison passée à Contrexéville? a-t-elle amené la
dissolution des calculs? En aucune façon ; mais elle a profondément
modifié la constitution, et elle l'a replacée dans sa rectitude normale. Comme il n'est pas d'usage que, en état de santé, on se
livre à la fabrication des calculs hépatiques ou rénaux, tant que la
médecine thermale, — qui a une si grande puissance sur les calculs, — continuera à faire sentir ses effets, il ne se formera aucun

---

(1) *Traité des eaux minérales* (France), page 109.

produit nouveau; mais aussitôt que ces habitudes physiologiques viendront à se troubler, les corps étrangers se reproduiront (1). »

Après une déclaration aussi formelle, trop formelle peut-être, je crois devoir rapporter l'opinion qu'a formulée M. le docteur Baud relativement à l'une des questions qui tiennent le plus au cœur des malades :

« L'eau de Contrexéville peut-elle guérir sans retour l'affection calculeuse? Si, négligeant les déductions des propositions émises déjà dans ce travail sur la nature de cette affection et sur l'action médicatrice de notre eau, je consulte, pour toute réponse, seulement les faits accomplis sous mes yeux, voici ce que je trouve. Un certain nombre d'anciens habitués de Contrexéville, revenus à la source par précaution ou par reconnaissance, selon leur expression, m'ont affirmé que, depuis des années, ils étaient complétement exempts des crises néphrétiques auxquelles ils étaient sujets avant leur traitement. Quelques-uns rendaient encore de loin en loin d'inoffensifs calculs; d'autres ne rendaient plus rien ou seulement quelques sédiments accidentels. Quant aux calculeux dont la fréquentation a commencé sous mes yeux, ceux d'entre eux qui se sont soumis à une succession de deux, trois ou quatre années de traitement, m'ont successivement accusé une amélioration successive qui, pour quelques-uns, paraît être une guérison! D'autres ont cessé de venir sans qu'il me soit possible de savoir si c'est pour motif de guérison ou pour des raisons contraires; quelques autres enfin sont revenus après une lacune d'une ou de deux années passées sans crises, ramenés par la crainte que leur inspirait la réapparition de quelques nouvelles concrétions plus ou moins inoffensives. »

De retour chez lui, le buveur doit prudemment s'astreindre à l'observation d'une hygiène alimentaire bien comprise. S'il a, par exemple, une gravelle oxalique (*gravelle jaune*), il ne doit jamais manger d'oseille, et à ce sujet un auteur a rapporté que Magendie avait été un jour consulté par un homme, — hypochondriaque

(1) *Gazette des hôpitaux*, clinique de l'Hôtel-Dieu, publiée par le docteur Legrand du Saulle, numéro du 27 mars 1860.

selon toute apparence, — qui venait de rendre plusieurs graviers d'oxalate de chaux.

« Avez-vous souvent mangé de l'oseille? » lui demanda le célèbre physiologiste.

» Depuis un an je m'en fais servir tous les jours un plat, répondit le malade ; cela me rafraîchit. »

Cette prohibition de l'oseille doit, du reste, s'étendre à tous les graveleux indistinctement; car si une personne affectée de gravelle urique vient à changer son régime animalisé contre un régime végétal trop sévère et composé de légumes renfermant des oxalates en excès, il pourra s'opérer une transformation, et la gravelle urique deviendra gravelle oxalique.

Comme on trouve une assez forte proportion d'acide oxalique dans la tomate, le cresson et les haricots verts, il sera bon de s'en abstenir.

En général, j'interroge volontiers les malades, à leur première visite, sur le régime qu'on leur a fait suivre, et je vois d'ordinaire figurer les asperges en première ligne. Sans en paraître surpris tout d'abord, je m'enquiers minutieusement des effets qu'elles ont pu produire.

« Plus j'avais de coliques néphrétiques, me disait M. L. de V..., capitaine de vaisseau, mort depuis d'une attaque d'apoplexie foudroyante, plus je mangeais d'asperges dans le but de me faire uriner avec facilité et abondance. »

C'est une immense erreur de croire à la vertu des asperges : non-seulement elle n'est pas susceptible d'activer et d'accroître la sécrétion rénale, mais elle la ralentit, la diminue, congestionne les reins, exerce sur ces organes une action perturbatrice, détermine une concentration de l'urine, et communique à ce liquide excrémentitiel une odeur repoussante. C'est plus qu'il n'en faut pour provoquer une crise néphrétique.

Les fruits très mûrs et l'usage d'un vin léger seront permis sans aucun inconvénient; dans beaucoup de cas, je l'ai déjà dit ailleurs (1), il peut en être de même du café.

_____

(2) *Quelques considérations médicales sur les eaux minérales de Contrexéville*, par le docteur Legrand du Saulle, p. 14.

Quant aux autres conseils d'hygiène et qui sont relatifs à l'usage des alcooliques, des viandes noires ou blanches, des féculents, des légumes herbacés, et qui se rapportent également aux habitudes de la vie, au sommeil, au repos, à la marche, à l'exercice des armes, à la natation, à la gymnastique, à l'équitation, aux frictions sur la peau, ils rentrent, de même que quelques autres avis intimes, dans les obligations du médecin vis-à-vis de son malade : c'est à lui d'appliquer à chacun, — et eu égard à une foule de circonstances qu'il doit connaître, — des instructions appropriées. Après les avoir faites de vive voix, je ne me fie pas toujours à la mémoire du buveur, et je les lui donne par écrit au moment de son départ : *Scripta manent.*

Enfin la dernière question qui nous est d'ordinaire adressée est celle-ci : Doit-on faire usage, dans le cours de l'année et *loin de la source,* de l'eau minérale de Contrexéville? Nous n'hésitons pas à répondre affirmativement et nous traçons même à cet égard des prescriptions particulières.

CHAPITRE V.

DE LA GOUTTE.

J'ai établi précédemment, dans mon tableau statistique, que j'avais eu occasion de donner des soins à un nombre déjà imposant de goutteux. Les malades trouveront dans la lecture des leçons cliniques si remarquables que M. le professeur Trousseau a récemment faites à l'Hôtel-Dieu (1) sur cette redoutable affection, des conseils tellement éclairés, que nous n'avons à présenter ici que quelques considérations spéciales.

Je dois tout d'abord déplorer les innombrables préjugés qui sont acceptés dans le monde comme *monnaie courante.* Il en est

(1) *De la goutte; de ses rapports avec la gravelle, l'asthme et le rhumatisme,* leçons recueillies, rédigées et publiées par le docteur Legrand du Saulle. Paris, 1861.

un très spécieux, entre autres, qui consiste à admettre que tous les individus qui payent un tribut à la goutte sont nécessairement, et à peu près sans exception, de gros mangeurs, des ivrognes, des débauchés ou des fainéants.

Cependant Arétée avait déjà reconnu que le repos du corps et les longs travaux de l'esprit étaient susceptibles de déterminer cette affection chez les gens les plus sobres et les plus réservés en toute chose. Galien avait fait la même observation.

Chaque année je vois arriver à Contrexéville deux ou trois malheureux ouvriers dont le travail est sédentaire, et qui sont aux prises avec les accidents diathésiques les moins équivoques. Dans toutes les saisons, j'ai même à traiter de vénérables ecclésiastiques qui, aux dépens de l'activité physique, ont occupé outre mesure leur esprit à des travaux intellectuels ou à de longues méditations. Aussi, lorsqu'on vient narguer les goutteux et qu'on leur répète à peu près ces paroles de Raymond (de Marseille) : « Puisqu'il n'y a que des gens riches, oisifs, adonnés à la bonne chère, aux plaisirs du lit, à l'inaction, qui souffrent les atteintes de la goutte, il est juste qu'ils fassent, même en ce monde, pénitence pour les plaisirs de toute espèce qu'ils se procurent » (1); il doit être bien permis à ces malades d'user de représailles et de répondre, avec Sydenham, que « la goutte tue plus de gens intelligents que d'imbéciles » (*plures interemit sapientes quam fatuos*).

La goutte n'est pas incurable, comme on l'a prétendu pendant très longtemps, mais elle n'est pas non plus un brevet de longue vie, ainsi que cela a été également dit. L'important pour les malades est de se soumettre à un genre de vie conforme aux prescriptions de l'hygiène, et M. Trousseau, dans le travail que nous avons rappelé, a insisté avec autorité là-dessus.

Comment doit-on donc s'y prendre pour traiter la goutte? « Il y a, dit M. le docteur Lafosse, plusieurs manières de combattre un ennemi : 1° l'attaquer et le tuer, c'est certainement la méthode la plus sûre; 2° parer les coups qu'il nous porte, et nous placer dans des conditions telles que dans la lutte il nous fasse le moins

_____

(1) *Sur les maladies qu'il est dangereux de guérir*, p. 314.

de mal possible. En thérapeutique, on trouve des exemples de ces
deux espèces de luttes entre le médecin et les états organopathiques. Un malade, je suppose, a la gale; vous tuez l'acarus et
tout est fini. Dans un autre cas, vous avez une hypertrophie du
cœur, ce qui cause des congestions du poumon, du foie, de la rate,
du cerveau..... Ce n'est pas l'hypertrophie elle-même que vous
attaquerez, mais bien les accidents consécutifs, en diminuant la
masse du sang, en calmant la fréquence et la force des contractions
du cœur, en conseillant une hygiène convenable. Eh bien! dans la
goutte, c'est cette dernière manière d'agir qu'on est forcé d'em-
ployer; ne connaissant pas toujours la cause, on attaque les effets,
et c'est contre eux conséquemment que sont dirigées les eaux de
Contrexéville. Cette utilité de ces eaux diurétiques et un peu
alcalines est secondée par l'exercice et un régime convenablement approprié (1). »

A Contrexéville, les goutteux ont généralement une sainte hor-
reur pour les bains. Je ne me rends pas, je l'avoue, un compte
bien net d'une aversion aussi profonde : je la crois en partie im-
méritée. Si les bains sont réputés nuisibles, c'est qu'on ne sait
pas les prendre.

Un de mes confrères, qui partage actuellement avec moi le
service médical du théâtre impérial de l'Odéon, a récemment publié d'excellents travaux sur la goutte (2). Issu d'une famille de
goutteux, témoin des tortures qui ont longtemps martyrisé son
père, goutteux lui-même, M. le docteur Galtier-Boissière est
devenu l'un des hommes les plus compétents sur cette matière. Je
l'ai souvent consulté sur la question des bains, et nous sommes
rapidement tombés d'accord. Pour qu'un bain, et qu'en particulier
le bain d'eau de Contrexéville devienne un moyen profitable
au goutteux, il faut que le malade ne reste dans sa baignoire que
de quinze à trente minutes ; que, rapidement essuyé au moyen de
linges rudes, secs et chauds, si la température l'exige, il soit ensuite

(1) Ouvrage cité, p. 17.
(2) *De la goutte, de ses causes et de son traitement préservatif, palliatif et
curatif*. Paris, 1860, à la librairie Victor Masson.

placé nu entre deux draps ou deux couvertures de laine, suivant
la saison, et que, sans trop le découvrir, on lui prodigue, ou mieux
qu'il se fasse lui-même de vigoureuses frictions sur toutes les
parties du corps qui ne sont le siége d'aucune douleur. On doit
se servir pour cela d'étoffes grossières, de toiles turques, de gants
ou de sangles, de crins, de brosses de caoutchouc. Puis, aussitôt
habillé, le malade doit aller faire une longue course, monter à
cheval, ou pour le moins faire une promenade en voiture découverte. Il va sans dire qu'il n'est ici question que du goutteux *en
dehors des accès.*

Un bain aussi court, suivi de semblables frictions et d'exercice,
communique une activité plus grande, une énergie plus accentuée
aux diverses fonctions de la surface cutanée, accélère et augmente
les excrétions, et place le goutteux dans des conditions relativement excellentes. Si, au contraire, les malades prennent un bain
d'une heure, se vêtissent lentement et rentrent dans leur appartement, ils suivent une médication qui peut n'être pas exempte de
quelques légers périls, mais qui ne justifie pas, dans tous les cas,
une abstention aussi radicale.

MM. Thouvenel et Mamelet ont rapporté dans leurs écrits des
observations que je ne peux malheureusement reproduire *in
extenso*, mais que je vais essayer de résumer. Il sera possible
par là de se faire une idée des succès obtenus à Contrexéville
contre la goutte.

1º M. le chevalier de M... eut un premier accès en 1795.
Saison d'un mois à Contrexéville en 1799, après une violente
attaque qui avait duré six semaines. Nouvel accès en 1800. Retour aux eaux de 1800 à 1809. Guérison.

2º M. le baron D..., magistrat de la Cour royale de Nancy.
Avant 1808, diverses attaques de goutte. Saison à Contrexéville
chaque année. Guérison.

3º M. V..., conseiller à la Cour de cassation. Accès de goutte
légers. Crise violente en 1817 ; laryngite, aphonie présumée
goutteuse. Saison à Contrexéville en 1820. Disparition de
l'extinction de voix et de la goutte au gros orteil. Retour aux eaux
en 1821, 1822 et 1823. Guérison complète en 1826.

4° M. F..., propriétaire de forges à Bains. En 1821, premier accès au pied droit. Saison à Contrexéville. En 1836, il n'avait pas encore eu de rechute.

5° M. de C... (de Saint-Dié). Engourdissement des pieds consécutif à un accès de goutte. Souffrances occasionnées par la marche. Saison à Contrexéville en 1833. Retour aux eaux en 1838, Très légers ressentiments de la goutte, à cette époque, mais qui ne l'ont jamais empêché de marcher.

M. Baud a publié l'observation de M. le comte de L..., âgé de soixante-cinq ans, d'une constitution sèche et nerveuse, goutteux depuis son adolescence, qui n'avait eu qu'à se louer de ses voyages à Contrexéville, mais qui, cédant aux instances de quelques amis, prit pendant trois saisons consécutives les eaux de Vichy à leurs sources et fit usage de bicarbonate de soude dans les intervalles. Ce malade, en 1854, reprit le chemin oublié de notre modeste village et arriva dans un état grave. « Il repartit doté du ton organique, de la régularité fonctionnelle, de l'aptitude cérébro-spinale de ses meilleurs jours. A son retour, en 1856, je le retrouvai jouissant encore des bénéfices de cette remarquable réhabilitation... Les bénéfices de la cure contrexévillaine s'étendent pour le goutteux bien au delà des résultats immédiats ; l'hiver qui succède à une première saison dans les cas heureux, mais plus sûrement encore ceux qui succéderont à un deuxième et troisième retour à la source, sont de moins en moins fréquemment et de moins en moins gravement traversés par les orages de la goutte. De nombreux malades ont récupéré d'une manière définitive la liberté de leurs mouvements et le régulier exercice de leurs fonctions. Quelques-uns même de nos anciens habitués affirment qu'après une fréquentation assidue de plusieurs années, ils n'ont plus gardé que quelques rares et insignifiantes manifestations goutteuses (1). »

Nous avons rappelé ailleurs (2) l'opinion qu'a émise M. le docteur Constantin James, et qui est conçue dans les termes sui-

_____

(1) Ouvrage cité, p. 64, 65 et 68.
(2) Legrand du Saulle. *Notice sur les eaux minérales de Contrexéville,* 1857, p. 13.

vants : « Les eaux de Contrexéville administrées pour combattre
l'affection goutteuse, *redonnent de la souplesse aux muscles et
aux ligaments, et elles préviennent ensuite les incrustations
tophacées qui amènent si souvent l'ankylose.* » Nous avons été à
même d'apprécier la valeur et la justesse de cette proposition.

Nous devrions à cette place même commencer la publication de
nos observations personnelles sur des goutteux, hôtes fidèles de
nos eaux ; mais des considérations de plus d'un genre nous en-
travent cette année. Qu'il nous suffise de dire que nos notes
accusent quatorze cas de goutte suivis d'une *amélioration extrêmement marquée* et vingt-deux d'*amélioration sensible ;* mais
pas un seul de guérison (1), au moins quant à présent.

Il nous est maintes fois arrivé, et principalement en 1861, de
voir des malades en proie à une attaque subite de goutte. On ne
manque pas alors de demander à son médecin des instructions
spéciales, et si je n'entre pas ici dans tous les développements
qu'exigerait cependant la question, c'est que je veux avant tout
éviter des froissements et qu'il m'a semblé que les médecins exerçant à Contrexéville ne paraissaient pas comprendre de la même
manière les soins à donner au goutteux *pendant l'accès.* Que
chacun en réfère donc au praticien en qui il a placé sa confiance.
Si un double avis est demandé et ne conduit qu'à un partage d'opinions, on recourra à la lecture des leçons cliniques de M. Trousseau pour trancher le différend.

Le régime alimentaire doit être mixte, c'est-à-dire d'une
grande variété et tour à tour composé de viandes blanches et de
viandes noires ; mais il faut qu'une part assez large soit faite aux

---

(1) Au moment où ce travail est sous presse, j'apprends que M. C..., qui
est venu en 1857, 1858, 1859, n'a pas eu le moindre accès depuis vingt-sept
mois ! J'avais porté ce malade dans la catégorie des *améliorations extrêmement
marquées,* et malgré les résultats si remarquables qu'il a obtenus de ces trois
saisons à Contrexéville, je ne pense pas, — même aujourd'hui, — qu'il y ait
encore lieu de le regarder comme absolument guéri. M. C... est à mes yeux un
goutteux dans toute l'acception du mot ; seulement, il se trouve depuis vingt-
sept mois dans une phase de *rémission.* Lorsqu'on s'entend bien sur la valeur
des mots, on fait de la science honnête et loyale, et l'on appelle les choses par
leur vrai nom.

végétaux frais. On est revenu, comme on le voit, des exagérations
d'un médecin célèbre : 1° *Pisa et olera* ; 2° *olera et pisa* ;
3° *olera cum pisis* : 4° *pisa cum oleribus*. Les boissons fer-
mentées seront formellement exclues. M. Galtier-Boissière n'est
pas d'avis que l'on se couvre de laine. Il vaut bien mieux « accou-
tumer peu à peu le corps à réagir contre le froid en s'habituant
au commencement de l'été aux lotions froides et finir par s'enve-
lopper tous les matins, au sortir du lit, pendant quelques
instants, dans un drap mouillé avec une eau dont la température
sera de plus en plus basse. » Quelques symptômes prodromiques
se font-ils sentir, « je supprime immédiatement, dit ce praticien,
les trois quarts de ma nourriture habituelle ; je double la quantité
de ma boisson aqueuse et je quadruple au moins mon exercice
ordinaire jusqu'à ce que j'aie vu disparaître tout phénomène pré-
curseur. »

Que cet exemple serve à nos malades de Contrexéville ; autrement leurs articulations seront exposées à recevoir la visite de
cette cruelle déesse qu'a chantée Lucien, le poëte de Samosate,
dont Van Swieten a pu dire : « *Doctissimam podagræ descrip-
tionem dedit.* »

CHAPITRE VI.

DU CATARRHE DE VESSIE. — ANALYSE DE L'URINE. — MALADIES DE MA-
TRICE. — AFFECTIONS DU FOIE. — MALADIES DE LA PROSTATE. — RÉTRÉ-
CISSEMENTS DE L'URÈTHRE.

Nous possédions en portefeuille un travail inédit ayant pour
titre : *Le catarrhe de vessie étudié à Contrexéville*. Nous
avions d'abord eu l'intention de faire imprimer ce mémoire avant
la saison de 1862 ; mais un journal de médecine nous ayant
demandé à le publier *in extenso*, nous avons dû le lui confier.
Nous en ferons faire prochainement un tirage à part, et nos
observations pourront, de la sorte, passer sous les yeux des parties
intéressées.

Le nombre des malades atteints de catarrhe de vessie que nous
voyons tous les ans à Contrexéville est assez considérable, et nous
avons eu, pour notre part, occasion d'en observer 103 cas. L'action en quelque sorte spécifique de nos eaux contre cette affection
est signalée par la presque unanimité des auteurs, et voici, par
exemple, ce que nous lisons dans l'ouvrage si recommandable de
M. le docteur Armand Rotureau, sur *les Eaux minérales de la
France* :

« Dans les catarrhes de vessie, il est bien rare que les eaux de
Contrexéville n'arrivent pas à déterminer une guérison complète.
Il est probable que les nombreux malades délivrés à ces sources
d'une affection toujours si tenace ont contribué surtout à la réputation incontestable de ces eaux. » (Page 109.)

Sur nos 103 cas, nous sommes aujourd'hui en mesure de ne
donner des nouvelles que de 42 malades : nous n'avons pu obtenir
aucuns renseignements sur tous les autres. N'établissant donc notre
statistique que sur ce chiffre limité, nous sommes arrivé aux
résultats suivants :

Guérison complète.	12
Amélioration très prononcée.	9
Amélioration sensible	10
Amélioration légère.	4
Sans aucune amélioration	5
Mort.	2
Total. . .	42

Je suis d'une grande sévérité dans la fixation de ces chiffres. Je
connais deux ou trois malades qui se considèrent comme radicalement guéris et parlent à tout le monde de leur cure heureuse,
auxquels je n'ai cependant accordé que les honneurs restreints de
la seconde catégorie. Ils sont pour moi dans un état d'amélioration *très prononcée*, mais je ne me crois pas encore autorisé à
dire plus.

J'ai été plusieurs fois à même de rectifier des jugements erronés,
et il m'est arrivé de trouver des catarrhes de vessie là où l'on ne

supposait pas qu'il y en eût, et d'en rencontrer, au contraire, dans des circonstances où la maladie n'avait point été mise en cause. Le mécanisme de cette rectitude de diagnostic est d'une simplicité naïve, et je suis loin de revendiquer la gloire de l'avoir imaginé.

Un malade arrive à Contrexéville et il vous dit qu'il a une *maladie des voies urinaires*. Vous le questionnez avec méthode et précision, et, sans le moindre effort d'esprit, vous arrivez à la facile constatation du fait énoncé. Mais de quelle variété morbide des voies urinaires est-il atteint? Les habitués de nos eaux aiment à le savoir et j'ai coutume de le leur dire; mais je demande deux jours pour être édifié sur leur état. Je procède pendant ce temps-là à l'analyse de l'urine du malade, et je recherche si elle renferme du mucus, du muco-pus, du pus, du sang, de l'albumine, du sucre, des dépôts de différente nature, etc., etc. Lorsque tous les éléments analysables, visibles et tangibles, dont j'ai percé à jour la présence, m'ont conduit à formuler une opinion certaine, je n'en fais point mystère, et après avoir donné au buveur tous les soins appropriés, je lui remets à son départ quelques lignes pour son médecin et j'informe mon confrère, avec toute la mesure désirable, des résultats de mon analyse. Le document reste, et en cas d'accidents ultérieurs, il sert à préciser la maladie et à faire pressentir le traitement rationnel. Avec un peu d'instruction, d'intelligence et de bonne foi, rien n'est donc plus facile que de rendre un service signalé à un individu qui se tourmente souvent à tort, qui s'exagère la nature de ses souffrances et qui ne sait même pas au juste à quelle enseigne il est logé. Si l'analyse dont je parle n'est point faite, le médecin a de grandes chances pour ignorer ce qu'a le malade, et le malade a de plus grandes chances encore pour ne retirer de sa cure qu'un soulagement dont le hasard aura fait une partie des frais.

Il n'est peut-être point de maladie contre laquelle on ait dirigé des médications plus multipliées que contre le catarrhe de vessie. L'arsenal thérapeutique n'a point été épuisé en vain, et quelques moyens d'une efficacité non douteuse sont aujourd'hui très fréquemment employés. M. Civiale a préconisé, par exemple, les injections d'eau froide dans la vessie. Pendant la saison de 1861, j'ai été obligé d'y recourir chez cinq malades, dont trois savaient se passer eux-mêmes la sonde : ils s'en sont généralement bien trouvés. En général, je dois le dire, je ne prescris des injections d'eau minérale froide dans la vessie que lorsque les malades sont arrivés à leur dixième jour de traitement et qu'une amélioration sensible ne s'est pas encore manifestée. Je viens en aide à la nature, et j'en stimule ainsi les efforts.

Je n'ai mentionné que douze cas de maladies de matrice ou de lésions diverses du côté de l'appareil utérin. Cette proportion est beaucoup trop faible, eu égard aux résultats obtenus, qui, la plupart, ont été des plus satisfaisants. L'eau minérale de Contrexéville n'est pas encore connue et appréciée comme elle le mérite pour tout ce qui concerne la pathologie des organes génitaux de la femme. « J'ai signalé, dit M. Baud, l'heureuse influence de nos eaux sur les catarrhes vagino-utérins, sur les engorgements et sur les déplacements de la matrice, en même temps que sur l'ensemble des phénomènes morbides généraux qui compliquent ces diverses affections. J'ai noté la puissance d'action morbide de notre source, bien peu ferrugineuse chimiquement ; j'ajouterai seulement quelques faits et quelques remarques à ces notions générales.

» Une jeune fille de dix-huit ans, lymphatique, traitée précédemment pour une tumeur de l'ovaire droit, accompagnée de plusieurs engorgements lymphatiques superficiels et profonds de la région iliaque du même côté, et qui n'était que très incomplétement et très irrégulièrement menstruée, se débarrassa, en une seule saison faite en 1856, de ces engorgements et acquit une régularité des fonctions cataméniales qui ne s'est pas démentie depuis.

» Une dame âgée de quarante ans, maigre et nerveuse, fille d'une mère hydropique et calculeuse, offrant elle-même cette complication, et en surplus, une antéversion utérine très accusée, avec flux muqueux utéro-vaginal habituel et abondant, revint l'été dernier à peu près complétement guérie de cette multiple affection par une saison de nos eaux faite l'année précédente comme traitement auxiliaire..... Plusieurs femmes, jeunes et sanguines en général, envoyées ici pour cause de gravelle rouge, présentaient en outre un certain degré de déviation et d'engorgement utérins. Le traitement a été dirigé simultanément contre ces deux éléments morbides, et, je dois le dire, la guérison m'a paru dépendre bien plus de la réhabilitation fonctionnelle de l'utérus que de l'influence directe exercée sur les reins. Un certain nombre de ces femmes, stériles jusque-là, ont cessé de l'être en même temps qu'elles cessaient de rendre des calculs (1). »

Les améliorations extrêmement prononcées que je suis parvenu, pour ma part, à déterminer chez plusieurs femmes, ont eu, je le suppose, leur raison d'être dans la simultanéité des moyens auxquels j'ai eu recours. Ainsi, je ne leur faisais boire le plus souvent que cinq ou six demi-verres d'eau minérale le matin, et trois autres demi-verres entre trois et quatre heures du soir, mais j'insistais sur les injections et les lavements d'eau minérale ; sur les bains de siége tièdes, frais, puis froids; sur les lotions, les douches en arrosoir, les bains à température progressivement décroissante, etc., etc. J'ai éprouvé des résistances, et la rigueur du traitement a quelquefois découragé les malades pendant les premiers jours ; mais on m'a su gré après de mon manque absolu de concessions. Je m'applaudis donc d'avoir institué à Contrexéville cette variété d'hydrothérapie mitigée et de l'avoir appliquée aux troubles divers de l'appareil générateur de la femme ; je vais persister dans cette voie et poursuivre mes observations.

J'ai parlé de sept cas de maladie du foie, et je tiens à relater brièvement ici l'histoire pathologique de madame L. de G..., qui vint à Contrexéville, en 1859, avec sa fille, madame la marquise de Saint-A... Cette dame, âgée de soixante-douze ans, portait dans le flanc droit une tumeur sur la nature de laquelle MM. Gendrin et Cruveilhier avaient différé d'opinion. Un piége très innocent me fut tendu à ma première visite : la malade se plaignit de son état de santé, me déclara qu'elle désirerait bien être fixée sur la nature de ses souffrances et me pria de l'examiner avec le plus grand soin. Je procédai à l'examen : le foie était notablement

(1) Ouvrage cité, p. 114 et 115.

augmenté de volume ; son bord dépassait les fausses côtes et descendait jusqu'à l'ombilic. La surface, accessible à la palpation, était légèrement bosselée, rénitente et élastique. J'étais indécis, lorsqu'à deux reprises différentes, je perçus du frémissement hydatique. J'annonçai alors à madame L. de G... qu'elle était atteinte d'un kyste acéphalocystique du foie. Deux consultations me furent alors présentées. J'avais donné raison à M. Gendrin et tort à M. Cruveilhier. Or, d'après la malade, M. Gendrin s'était trompé ! Fort de ma conviction, je ne voulus point discuter.

Je prescrivis des doses relativement très faibles d'eau minérale, et néanmoins, le cinquième jour, le kyste se rompit tout à coup dans l'intestin et entraîna consécutivement une diarrhée inquiétante. Appelé sur-le-champ, madame de Saint-A... me demanda la signification des nombreuses vésicules ou vessies aqueuses d'apparence si extraordinaire qui avaient été remarquées dans le vase de sa mère par la femme de chambre. Je reconnus de simples poches renfermant quelques échinocoques. M. le docteur Lenoir, chirurgien de l'hôpital Necker, — enlevé si prématurément à la science, — se trouvant à Contrexéville, fut, sur ma prière, appelé à vérifier le fait. Ce praticien éminent partagea entièrement ma manière de voir, et cependant je crois qu'un avis fut, à mon insu, demandé encore à M. Baud. Toujours est-il que madame L. de G.., après avoir passé près d'une semaine dans l'état le plus grave, se remit complétement, reprit de l'appétit et des forces, put faire d'assez longues promenades, finit par digérer jusqu'à six ou sept verres d'eau minérale ; que son foie reprit des dimensions normales, et qu'elle nous quitta très satisfaite de son séjour dans les Vosges. Ce cas constitue une grande exception, et dans des circonstances analogues, la mort est presque la règle.

Pour la complète édification de nos lecteurs, nous rappellerons ici en termes généraux que les kystes acéphalocystiques sont des poches développées dans l'épaisseur d'un organe ; qu'elles sont ordinairement tapissées à l'intérieur par une matière jaunâtre, et qu'elles contiennent une ou plusieurs vessies libres, non adhérentes, à parois blanches, semi-transparentes, élastiques, tremblantes sous le doigt, et remplies d'un liquide clair et ténu ; qu'enfin ces vessies renferment des échinocoques.

Malgré le grand nombre d'affections rénales que nous avons déjà vues, il ne nous a pas encore été permis d'observer un seul cas d'hydatides des reins. M. Baud, mieux partagé que nous sous ce rapport, en parlant de ces néphrites au diagnostic obscur, dont nous avons dit quelques mots à la page 40, a cru pouvoir rattacher à des hydatides deux cas de ce genre : « Le premier, dit-il, se rapporte à un jeune Espagnol, attaché d'ambassade, qui présentait pour tout symptôme la douleur néphrétique sourde et continue, et qui, dans le courant de la saison, rendit par les urines un corps globuleux, transparent, du volume d'un grain de chènevis, précédé et suivi de nombreux lambeaux membraneux, qui me parurent être des débris de vésicules analogues.

» Le second a trait à un sujet de forte constitution, légèrement débilitée, âgée de quarante-deux ans, entrepreneur à Saint-Quentin, dont l'historique se résume ainsi : première saison en 1855, douleur obtuse s'étendant du rein à l'aine gauche ; urines généralement louches et parfois catarrhales ; vers la fin de la saison, expulsion de quelques pellicules membraneuses. Retour en 1856 ; au dixième jour de la cure, élimination prompte et facile d'une membrane d'aspect gélatineux, épaisse d'un demi-millimètre, traversée par un certain nombre de linéaments vasculaires, indiquant une forme primitivement sphérique et pouvant recouvrir, quand elle est étendue sur un plan horizontal, une surface de 10 centimètres de diamètre. A la suite et jusqu'au dernier jour de son traitement, le malade rend un certain nombre de lambeaux membraneux de moindre dimension (1). »

Mais revenons à l'action de l'eau minérale de Contrexéville dans les affections du foie. Madame D... était sujette depuis plusieurs années à de formidables coliques hépatiques, et atteinte habituellement de la constipation la plus opiniâtre. Son mari, l'un des membres les plus distingués de l'Académie de médecine, l'avait conduite en 1859 à Vichy, et les crises ayant reparu dans l'hiver avec la

_____

(1) Ouvrage cité, p. 94 et 95.

même intensité que précédemment, il appela en consultation ses amis MM. les docteurs Legroux et Barth. Ces savants confrères se prononcèrent en faveur de Contrexéville. Madame D... y arriva dans les derniers jours de mai 1860, et nous eûmes l'honneur de lui donner des soins.

Neuf jours après avoir commencé son traitement, madame D..., qui n'avait point encore eu à Contrexéville une seule garderobe, fut prise d'une colique hépatique d'intensité moyenne, en revenant de la source, à neuf heures du matin. Je provoquai dans la nuit plusieurs exonérations intestinales, et le surlendemain madame D... reprit l'usage de l'eau minérale. A partir de ce moment, la constipation céda un peu, et la malade passa l'année de 1860 à 1861 sans accidents. La nouvelle saison qu'elle vint faire en juin 1861 se passa très bien.

J'arrive à la relation succincte d'un fait clinique qui s'est passé sous les yeux de tous les buveurs, et qui a eu un grand retentissement en 1858. Une jeune femme blonde et d'une beauté peu commune, madame d'A..., (de Bar-sur-Aube), était très souffrante depuis cinq ans, et avait consulté à Paris plusieurs médecins réputés. On l'avait successivement envoyée à des eaux d'Allemagne, puis à Vichy, et enfin à l'établissement hydrothérapique de Bellevue. Son état maladif était très diversement apprécié, lorsqu'elle se décida à demander des conseils à l'honorable M. Arnal, médecin (par quartier) de l'Empereur, qui lui tint à peu près ce langage : « Il me paraît très difficile de caractériser d'une manière nette la nature de vos souffrances ; mais allez à Contrexéville, et sans nul doute les eaux, — que j'ai de bonnes raisons pour connaître, — iront s'inscrire sur l'organe malade et détermineront une crise quelconque ou des phénomènes spéciaux qui ne laisseront plus de prise à l'erreur. » Madame d'A... se soumit à cette recherche de l'inconnu, et elle vint forcer la source du Pavillon à lui dévoiler le mystérieux secret de son état de langueur et de dépérissement. L'épreuve réussit : au bout de quelques jours, madame d'A... fut en proie à une violente colique hépatique, et le surlendemain elle laissait circuler de main en main, aux abords de la fontaine minérale, une boîte renfermant sa collection de calculs biliaires. Elle fit deux saisons, et revint *par reconnaissance* en 1859 et en 1860, bien que jouissant d'une santé excellente. Je n'ai pas été le médecin de madame d'A..., mais je garantis l'exactitude de son observation.

Il importera à l'avenir aux médecins exerçant à Contrexéville d'étudier avec une persévérance soutenue le rôle joué par l'eau minérale dans la curation des états morbides du foie et de ses annexes.

Je vais, pendant la saison de 1862, me livrer à une étude approfondie des maladies de la prostate et de l'urèthre. Les cas que j'ai déjà réunis, ceux que je vais rassembler encore, me permettront, je l'espère, de faire connaître l'année prochaine mes observations sur ce chapitre important de pathologie. Je mets longtemps à mûrir une idée, et il m'a semblé que, sur ce point, l'heure de la maturité *n*'avait point encore sonné. Je tiens d'ailleurs à poursuivre un ordre de recherches sur lequel mon attention est en ce moment éveillée. J'ajourne la question, mais j'ai quelque espoir que les buveurs n'y perdront rien pour attendre.

M. le docteur A. Rotureau, dont j'ai déjà invoqué l'autorité, a porté le jugement suivant :

« Il faut signaler encore l'efficacité des eaux de Contrexéville dans les rétrécissements de l'urèthre... Dans tous les cas où d'habiles opérateurs n'ont pu sonder des malades négligents arrivés à un point tel que le rétrécissement du canal est à sa dernière limite, les eaux, en vertu de leur tonicité et de la dilatation qui en est la suite, sont parvenues à rendre perméable un urèthre dont il était impossible de trouver la lumière, et ont permis de procéder à une dilatation qui semblait désespérée. » (Page 110.)

A l'appui de ce témoignage, je déclare avoir été témoin de quelques faits très concluants.

CHAPITRE VII.

LES TROIS SOURCES DE L'ÉTABLISSEMENT. — ANALYSE CHIMIQUE. — ÉTUDE COMPARATIVE DE LEURS PROPRIÉTÉS. — DIGESTIBILITÉ DE L'EAU MINÉRALE. — EFFETS QUELQUEFOIS ÉLOIGNÉS DE LA SAISON.

Un décret impérial, en date de 1860, a déclaré d'intérêt public les sources du Pavillon, des Bains (ou du Prince) et du Quai. Ces deux dernières sont captées et aménagées seulement depuis deux ou trois ans. Désireux de mettre sous les yeux de nos lecteurs des renseignements techniques qui très souvent nous ont été demandés, nous allons suivre M. Ch. Lepage, ancien pharmacien à Contrexéville, sur le terrain de la chimie expérimentale, et rapporter, d'après cet auteur, des faits soigneusement observés.

« Les trois sources coulent sans interruption et donnent, réunies, un volume d'eau qu'on évalue, par vingt-quatre heures, à 334 200 litres au moins ; cette quantité est assez constante. Elles sont froides ; leur température, terme moyen, est de 10 degrés et demi centigrades ; elles sont d'une parfaite limpidité, et déposent dans les bassins de réception un résidu ocracé qui s'attache à la paroi interne de ces bassins. Elles n'exhalent qu'une odeur peu sensible, propre aux eaux ferrugineuses ; leur saveur est fraîche d'abord, douceâtre ensuite, puis légèrement acidule, enfin sensiblement *atramentaire*. Au point où le jet d'émission tombe dans le bassin, il s'échappe des bulles gazeuses qui sont en grande partie composées d'azote pur.

» L'eau de ces sources exposée à l'air laisse former à sa surface une légère pellicule cristalline, d'un aspect gras, irisé, et qui disparaît par l'agitation, mais se reforme de nouveau par le repos. Quand on la fait bouillir, elle se trouble d'abord en blanc, d'une manière plus ou moins prononcée, puis redevient claire. Des expériences réitérées nous ont prouvé qu'elle pèse, par litre d'eau, 2 grammes 20 centigrammes de plus que l'eau distillée.

» Par l'ébullition, elle abandonne de l'acide carbonique, de l'oxygène et de l'azote, et le résidu qu'elle laisse alors déposer contient des carbonates de chaux, de magnésie et du sulfate de chaux. Le papier bleu de tournesol n'a aucune action sur elle ; elle verdit le sirop de violettes. Le papier imprégné d'un sel de plomb brunit légèrement dans cette eau, caractère qui indique la présence de l'acide sulfhydrique ou d'un sulfure. L'infusion récente de noix de galle et la solution de cyanure rouge de potassium et de fer communiquent à l'eau de cette source, la première, une coloration en rose, la seconde, une coloration bleuâtre, caractères propres au fer. Le nitrate d'argent, dissous dans cette eau acidulée, y décèle, par un dépôt abondant de chlorure d'argent, la présence du chlore. Le chlorure de palladium, l'amidon et l'acide nitrique, mis en contact avec cette eau, n'y indiquent pas la présence de l'iode d'une manière sensible.

» L'évaporation de 50 litres d'eau a donné un dépôt légèrement ocracé dans lequel nous avons sans peine constaté la présence de l'arsenic. L'oxalate d'ammoniaque y précipite de l'oxalate de chaux, et le phosphate d'ammoniaque, ajouté à la solution, donne un léger dépôt de phosphate ammoniaco-magnésien. Cette eau, acidulée et traitée par le nitrate de baryte, a donné un précipité blanc de sulfate de baryte.

» Les résidus des eaux de Contrexéville, chauffés au bain de sable, nous ont fourni des traces bien évidentes de matières organiques. Enfin, au moyen des réactifs conseillés, nous avons obtenu la certitude que ces eaux contenaient en outre, de la potasse, de la soude, de l'alumine et de l'acide silicique.

» La composition des eaux de Contrexéville a exercé à plusieurs reprises la sagacité des chimistes et des médecins. Différentes analyses ont été faites par plusieurs savants distingués, savoir : par MM. Nicolas, en 1820 ; le professeur Fodéré, de Strasbourg, en 1825 ; Collard de Martigny, en 1828 ; Chevallier, membre de l'Académie de médecine, et Gobley, en 1839, mais plus récemment (1852) par M. O. Henry, membre de l'Académie de médecine, et par M. Nicklès, professeur de chimie à la Faculté des sciences de Nancy. »

On me demande bien souvent à Contrexéville comment il se fait que les malades se portent tous en foule le matin à la source du

Pavillon, alors que les sources du Prince et du Quai restent désertes ; cependant, ajoute-t-on, l'eau minérale est la même. Je répondrai à cela que l'excessive abondance de la source du Pavillon ayant toujours suffi bien au delà de tous les besoins, le temps, l'habitude, la reconnaissance et la routine lui ont lentement tenu lieu de parrains ; mais que depuis les récents travaux exécutés aux sources du Prince et du Quai, j'ai dû me préoccuper du degré de valeur thérapeutique que l'on pouvait accorder à ces deux dernières. Or, d'après les témoignages d'hommes intelligents et sincères qui se sont complaisamment prêtés à l'expérience ou qui ont désiré la faire de leur plein gré, il semblerait résulter que la source du Prince est un peu plus laxative. L'analyse chimique ne donne pas la raison de cette suractivité d'action ; mais le fait pratique m'a été signalé, et lorsque j'échoue maintenant à procurer une ou deux exonérations intestinales à un malade, au moyen de l'eau minérale du Pavillon, je l'adresse à la source du Prince, et il m'est arrivé plusieurs fois de réussir.

J'ai vu de même deux petits garçons et une jeune fille dans un état très voisin de la chlorose et de l'anémie, se trouver tellement bien de l'eau de la source du Quai, que je suis très volontiers tenté de lui attribuer des vertus ferrugineuses plus accentuées et des propriétés toniques plus grandes.

Je ne livre ces deux assertions que sous bénéfice d'inventaire. Pour moi, la question n'est pas jugée ; aussi, suis-je dans l'intention de continuer à m'occuper de l'étude comparative des trois sources de l'établissement de Contrexéville.

En général, il est très rare à Contrexéville qu'un malade abandonne son traitement au bout de quelques jours, — ainsi que cela se voit si fréquemment ailleurs, — faute de pouvoir digérer l'eau minérale. Cependant, au mois de juin 1861, nous reçûmes un jour la visite de M. M..., que nous ne connaissions point du tout et qui nous tint textuellement ce langage : « Je suis un transfuge de Pougues, je bois ici depuis huit jours ; mais, comme il y a incompatibilité entre mon estomac et votre eau minérale, je pars demain. Qu'est-ce que vous pensez de cela ? » A cette question si originale, je me contentai de répondre par cette phrase de mon éminent et cher maître : « Le remède n'est rien, la médication est tout, et le mode d'administration principalement a quelque chose de sacramentel (1). » Là-dessus je développai des considérations qui frappèrent mon interlocuteur et le déterminèrent à m'accorder le sursis de vingt-quatre heures que je demandai. Le lendemain matin je lui fis mettre dans son verre un sixième de lait pour cinq sixièmes d'eau minérale..., et il ne partit pour Paris que le vingt-troisième jour, après être progressivement arrivé à boire douze verres.

J'ai été plusieurs autres fois assez heureux pour combattre des résolutions extrêmes et des partis désespérés. Je dois ajouter qu'on m'en a toujours su le meilleur gré.

En buvant son dernier verre d'eau minérale à la source, le malade qui s'apprête à rentrer chez lui n'en a point fini avec la médication. Les effets de la saison ne sont pas toujours immédiats, instantanés; loin de là : que de fois ne les a-t-on pas vus se prolonger pendant un, deux et trois mois? Aussi, en reprenant ses affaires et ses occupations habituelles, ne doit-on pas perdre de vue que l'on reste soumis à une action thérapeutique, et que l'extrême fatigue ou les excès peuvent déterminer des secousses physiques qui neutralisent complétement les résultats de la saison des eaux. Le calme, la sobriété et l'exercice favorisent, au contraire, les effets ultérieurs de la médication hydrominérale.

---

(1) Trousseau, *De l'épilepsie*, leçons cliniques recueillies, rédigées et publiées par le docteur Legrand du Saulle, p. 21. Paris, 1856.

TABLE DES MATIÈRES

2 88

www.ingramcontent.com/pod-product-compliance
Lightning Source LLC
Chambersburg PA
CBHW070907210326
41521CB00010B/2093